세상에서 가장 재미있는 물리학
The Cartoon Guide to Physics

THE CARTOON GUIDE TO PHYSICS

Copyright © 1990 Larry Gonick and Art Huffman
Published by arrangement with HarperCollins Publishers. All rights reserved.
Korean translation copyright © 2007 by Kungree Press
Korean translation rights arranged with HarperCollins Publishers,
through EYA(Eric Yang Agency).

이 책의 한국어판 저작권은 EYA를 통하여
HarperCollins Publishers사와 독점 계약한 '궁리출판'이 소유합니다.
저작권법에 의해 한국 내에서 보호를 받는 저작물이므로 무단 전재와 복제를 금합니다.

세상에서 가장 재미있는
물리학

The Cartoon Guide to Physics

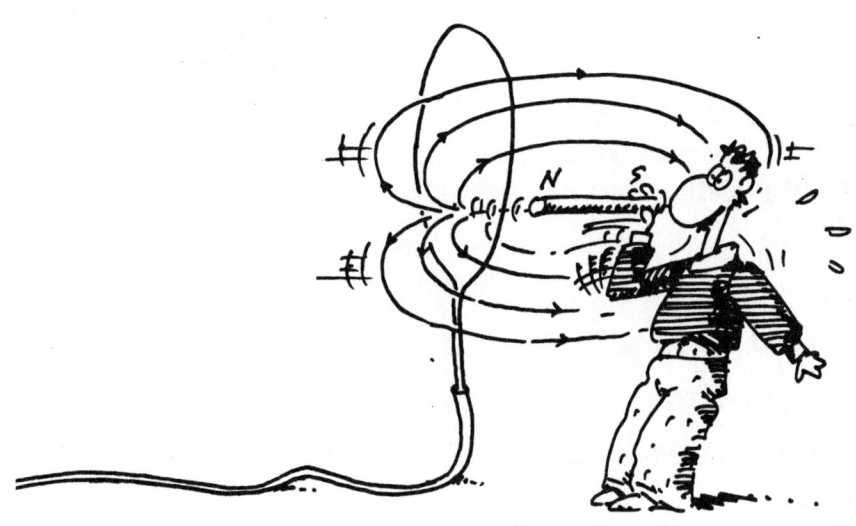

래리 고닉 그림 · 아트 후프만 글 | 전영택 옮김

CONTENTS

PART ONE | 역학 7

- **Chapter 1** | 운동 9
- **Chapter 2** | 사과와 달 24
- **Chapter 3** | 포물체 39
- **Chapter 4** | 인공위성의 운동과 무중력 43
- **Chapter 5** | 여러 가지 궤도 48
- **Chapter 6** | 뉴턴의 제3법칙 53
- **Chapter 7** | 힘, 좀더 알아보자 59
- **Chapter 8** | 운동량과 충격량 70
- **Chapter 9** | 에너지 79
- **Chapter 10** | 충돌 89
- **Chapter 11** | 회전 96

PART TWO | 전기와 자기 109

Chapter 12 | 전하 111

Chapter 13 | 전기장 123

Chapter 14 | 축전기 129

Chapter 15 | 전류 134

Chapter 16 | 병렬연결과 직렬연결 148

Chapter 17 | 자기장 155

Chapter 18 | 영구자석 166

Chapter 19 | 패러데이 전자기 유도 170

Chapter 20 | 상대성 175

Chapter 21 | 인덕터 183

Chapter 22 | 교류와 직류 186

Chapter 23 | 맥스웰 방정식과 빛 195

Chapter 24 | 양자전기동역학 201

옮긴이의 말 214

· PART ONE ·
역학

CHAPTER ONE
운동

우리가 이해할 첫 번째 개념은 **운동**이에요. 새의 비행, 행성의 공전, 떨어지는 나뭇잎… 그야말로 우주 전체가 운동하고 있는 셈이죠!!

거리 표시가 앞은 +, 뒤는 −인 직선 코스가 있다고 생각해보자.

 내 친구인 우주비행사 링고가 이 코스에서 차를 운전하고 있다. 차는 일정한 속도로 움직이기 때문에 같은 시간마다 같은 거리를 가게 된다. 식으로 나타내면 다음과 같다.

$$d = v \cdot t$$

거리 d는 속력 v에 시간 t를 곱한 것과 같다.
속력이 10m/초면,
링고는 1초마다 10m씩,
3초에는 30m,
1분에는 600m를
가는 셈이다.

⋮

그리고
1시간(3600초)에
가는 거리는

$$3600\ s \times 10\ m/s = 36{,}000\ m =$$
$$36\ KM$$

보통 우리는 운전할 때 속력을 내거나 줄인다. 속력이 일정하지 않다는 말이다. 그러면 식 $d = v \cdot t$ 는 어떻게 될까?
v 가 변하면 어떤 값을 v 로 써야 할까?

위의 식을 v 에 대해 풀면

$$v = d/t$$

$$v = \frac{\text{주행거리계 최종 수치} - \text{주행거리계 처음 수치}}{\text{경과 시간}}$$

이것이 바로 **평균속력**이다. 또한 어느 순간의 속력을 **순간속력**이라 하는데, 고대 자연철학자들은 이 개념을 깨닫는 데 많은 시간이 걸렸다. 자동차 속력계에 나타나는 수치가 바로 순간 속력을 나타낸다.

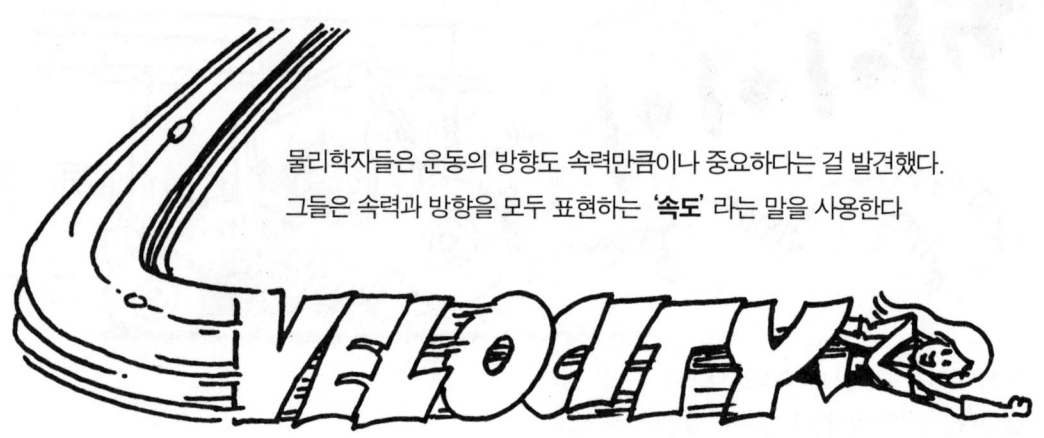

물리학자들은 운동의 방향도 속력만큼이나 중요하다는 걸 발견했다. 그들은 속력과 방향을 모두 표현하는 '**속도**' 라는 말을 사용한다

만일 링고가 뒤로 돌아서 음의 방향으로 움직인다면, 링고는 **음의 속도**를 갖는 것이다.

속력계에 음수가 나타나는 이유가 그 때문이구나!

속도는 길이가 속력에 비례하고 운동의 방향을 가리키는 화살표로 생각할 수도 있다.

일반적으로 링고가 어느 방향으로 움직이든 그 속도를 화살표로 나타낸다.
예를 들면, 북쪽에서 28° 동쪽으로 **v** =32m/s로 움직이는 경우 옆 그림과 같다.

물체의 속도가 변할 때는 그 물체가

가 속

된다고 말한다.
가속도는 단위시간당 속도의 변화로 정의한다.

$$a = \frac{v의\ 변화}{t}$$

속력을 단위시간당 거리의 변화로 정의한 것과 비슷하다.

가속도는 속력의 속력이에요!

다시 링고와 함께 차를 타보자. 차에는 뒤로 갈 때 음수가 나타나는 선형속력계, 즉 '속도계'가 달려 있다. 가속도는 바로 이 속도계 바늘의 속도야!*

*속도계에 있는 속도의 단위를 사용.

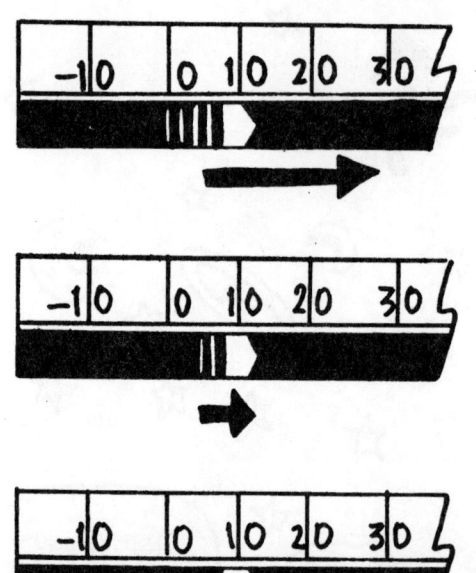

속도가 빠르게 변하면, 가속도는 크다.

속도가 느리게 변하면, 가속도는 작다.

링고가 일정한 속도를 유지하면, 가속도는 0이다.

이제 링고가 5초 동안 0에서 50km/h까지 일정하게 가속한다고 하자.
속력계의 바늘은 **일정한 속력**으로 움직이므로 가속도는 **일정한 상수**가 된다.
계산으로 나타내면 다음과 같다.

$$a = \frac{(\text{최종 속력} - \text{처음 속력})}{\text{경과 시간}} = \frac{50 \text{ KM/H}}{5 \text{ S}}$$

$$= \frac{50 \text{ KM/H}}{5 \text{ S}} \times \left(\frac{1 \text{ H}}{3600 \text{ S}}\right)\left(\frac{1000 \text{ M}}{1 \text{ KM}}\right) = 2.78 \text{ M/S}^2$$

이 두 항은 모두 1과 같다.
시간을 초로, m를 km로 바꾸기 위한 것이다.

주의: 가속도의 단위는 m/s^2!

링고는 차가 앞으로 가속될 때마다 뒤쪽으로 밀리는 듯한 느낌을 받았다.

일반적으로,

힘은 가속도와 관계가 있다!

이제 링고가 브레이크를 밟는다.

여기 아래 어디쯤에 있었는데…

차의 속력이 줄고, 링고는 앞쪽으로 밀려 나가는 힘을 느끼게 된다.

브레이크를 밟는 감속 상황에서는 **속력계**의 바늘이 왼쪽으로 움직인다. 즉 속도가 음수가 된다.

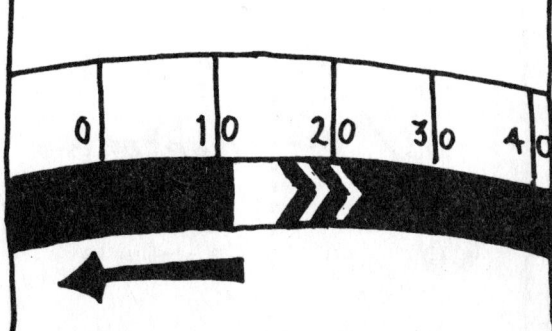

그래서 차의 속력이 줄 때는 음의 가속도를 갖는 것이다.

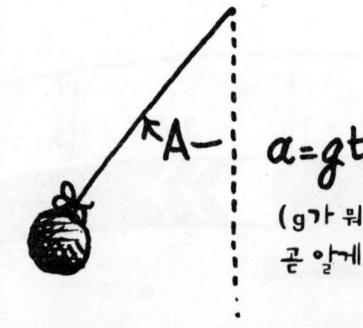

또 다른 가속 상황을 보자.
링고가 20km/HR의 일정한 속도로
둥근 트랙을 돌고 있다.

속력계의 바늘은 움직이지 않지만, 링고는 커브
밖으로 밀려 나가는 힘을 느끼고 가속도계의 물체도
커브 밖으로 기운다.

이때 '속력계의 속력' 검사는 측정하기가 어렵다.
링고의 속력은 변하지 않지만, 속도는 변하고
링고가 커브를 돌 때 속도의 방향은
바뀌기 때문이다.

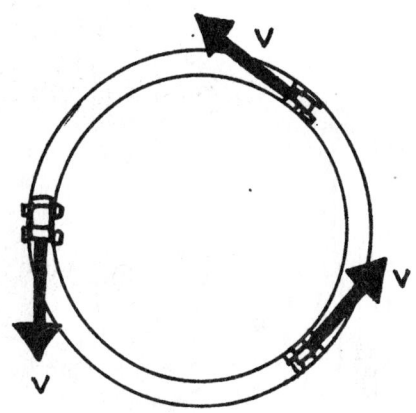

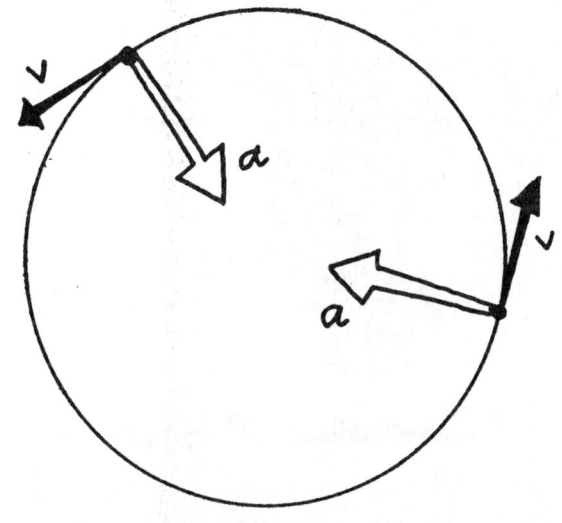

그리고 가속도는 운동의 방향과
수직이고, 링고가 느끼는
힘과는 반대 방향이다.
가속도계가 가속도를 올바로
측정하고 있는 셈이다.
그래서 물체가 일정한 속력으로
원을 그리며 돌 때,
가속도는 **원의 중심**을
향하게 된다.

가속도는 쉬운 개념이 아니지만, 물리학의 기본 개념이다. 대부분 운동은 그리 단순하지가 않다. 끊임없이 속력과 방향이 변하므로. 바꿔 말하면 계속 가속되는 것이다!!!

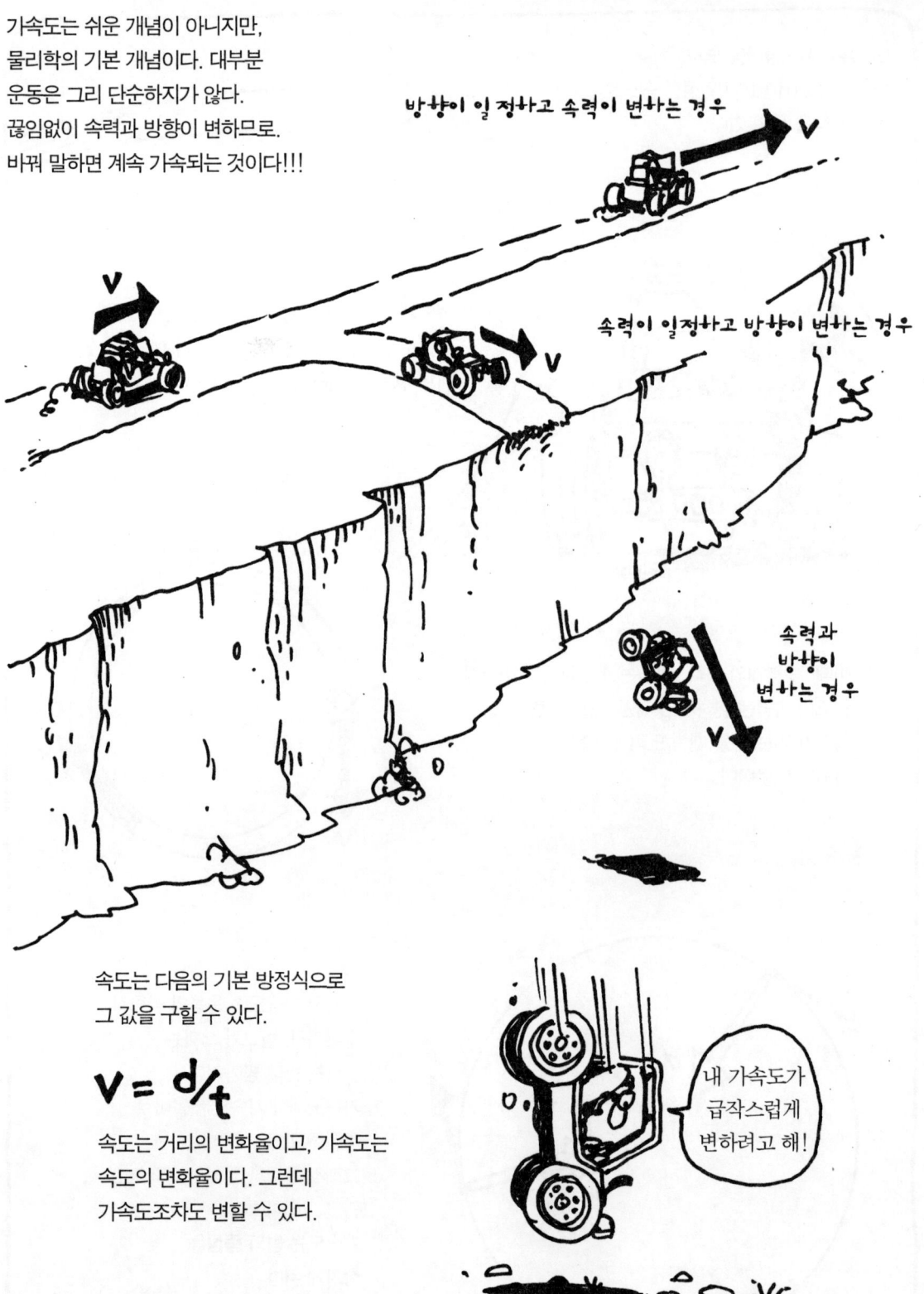

속도는 다음의 기본 방정식으로 그 값을 구할 수 있다.

$$v = d/t$$

속도는 거리의 변화율이고, 가속도는 속도의 변화율이다. 그런데 가속도조차도 변할 수 있다.

하지만 물리를 처음 배울 때는
보통 **가속도**가 **일정**한 상황만 다룬다.

정지 상태에서 출발해 일정한 가속도 a로 t 시간 동안 간다고 하자.
이 시간 동안 간 거리는 얼마일까?

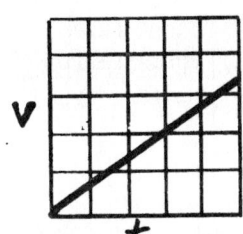

처음 속력은 0이고, t 시간에 속력이 $v=at$ 로 일정하게 증가했으므로, 이 시간 동안의 평균속력은 아래와 같다.

$$v_{평균} = \frac{0+at}{2} = \frac{1}{2}at$$

그리고 간 거리 d는 평균속력에 시간 t를 곱한 것이다.

$$d = \frac{1}{2}at \cdot t$$
$$d = \frac{1}{2}at^2$$

예를 들어 링고가 5초 동안 0에서 50km/HR로 가속했다고 하고, 그가 간 거리를 계산해보자.
이 문제는 두 단계로 풀어야 한다.
먼저 가속도를 구한다. 이건 앞에서 계산했듯이 $a = 2.78 m/sec^2$이다.
그래서

$$d = \frac{1}{2}at^2$$
$$= \frac{1}{2}(2.78 m/s^2) \cdot (5s)^2$$
$$= \mathbf{34.7} \text{ 미터}$$

낙하도
흔히 볼 수 있는 운동현상의 하나다.

오, 안 돼! 다시는 안 돼!

어떤 물체, 예를 들어 이 책을 떨어뜨려 보라! 일정한 속도로 떨어지는가? 아마도 너무 빨라서 대답하기 어려울 것이다.

갈릴레오 (1564~1642)도 이 문제가 궁금했다.

갈릴레오는 낙하운동을 관찰할 수 있도록 그 속도를 줄이는 방법을 생각해냈다. 그 장치가 뭘까? 빗면이었다.

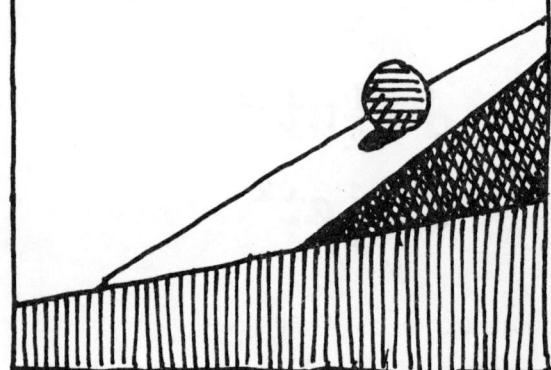

갈릴레오는 자신의 맥박을 시계로 이용해 빗면에 많은 물체를 굴려 보았다.

아주 느리지!

빗면에 굴리는 것이 속도만 느릴 뿐 낙하와 같다는 걸 어떻게 알았을까? 아, 바로 여기에 갈릴레오의 천재성이 엿보인다!! 빗면을 점점 더 가파르게 만들면 그 운동이 자유낙하가 된다는 사실!!!

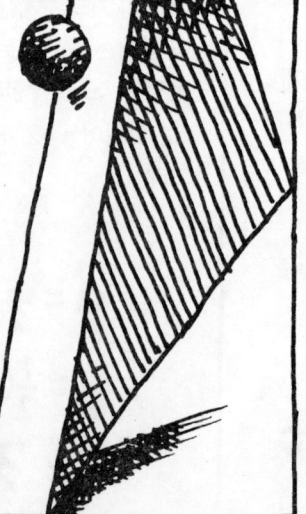

갈릴레오는 공이 굴러내린 거리가 경과한 시간의 제곱에 비례해서 증가한다는 사실을 발견하여 공식을 만들어냈다.

$$d = \tfrac{1}{2}at^2$$

그래서 물체는 일정한 **가속도**로 낙하한다.

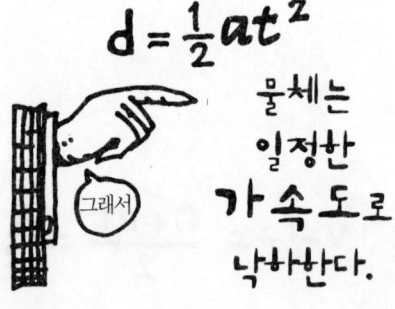

갈릴레오는 물체의 질량이 낙하속도에도 영향을 주는지 궁금했다. 누구나 벽돌이 깃털보다 빨리 떨어진다고 생각한다.

그러나 갈릴레오의 실험 결과는 놀라웠다. 공기저항을 무시한다면,

모든 물체는 동일한 가속도로 낙하한다. 질량에 관계없이.

깃털은 공기저항이 커서 펄럭거리며 천천히 떨어지지만, 달처럼 진공상태에서는 벽돌과 똑같이 떨어진다.

지구에서도 진공으로 만든 용기 속에서 낙하실험을 할 수 있다.

꼼꼼하게 측정한 결과, 이 가속도가 밝혀졌다. 지구 표면 가까이서 모든 물체는 일정한 가속도 g 로 낙하하며, 그 값은
(공기저항은 무시)

$$32 \text{ ft/sec}^2 = 9.8 \text{ m/sec}^2$$

덧붙여 말하면, **아인슈타인**(1879~1955)은 모든 물체가 중력장 내에서 동일하게 운동하기 때문에, 중력은 물체 자체의 특성이 아니라 **공간과 시간**의 특성이라고 추론했다.

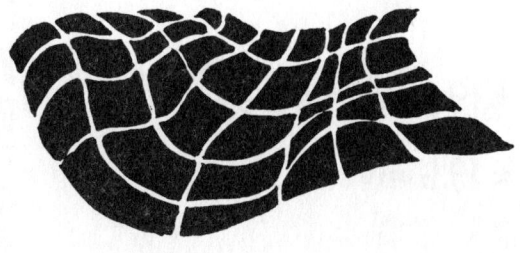

이해를 돕기 위해 지붕 꼭대기에서 벽돌을 떨어뜨려 보자.

이것은 가속도가 g로 일정한 운동이다. 그래서 속도는 시간에 비례해서 증가한다.

$$v = g \cdot t$$

낙하한 지 1초 후에는

$$(9.8 \text{ m/s}^2) \cdot (1 \text{ s}) = 9.8 \text{ m/s}$$

2초 후에는

$$(9.8 \text{ m/s}^2)(2 \text{ s}) = 19.6 \text{ m/s}$$

… 등등

t 시간 동안 떨어진 거리는? 공식을 적용하면

$$d = \tfrac{1}{2} g \cdot t^2$$

1초 후에 떨어진 거리는

$$\tfrac{1}{2}(9.8 \text{ m/s}^2) \cdot (1 \text{ s})^2 = 4.9 \text{ 미터}$$

2초 후에는

$$\tfrac{1}{2}(9.8 \text{ m/s}^2)(2 \text{ s})^2 = 19.6 \text{ 미터}$$

t	v	d
0	0	0
0.5	4.9 m/s	1.3 m
1	9.8 m/s	4.9 m
2	19.6 m/s	19.6 m
3	29.4 m/s	44.1 m
4	39.2 m/s	78.4 m

이제 갈릴레오의 '중력 완화' 장치 위쪽으로 공을 굴려 올려보자. 공은 빠르게 올라가다가 점점 느려져서, 순간적으로 정지했다가 다시 점점 빠른 속도로 굴러 내려온다.

꼭대기에서 속도는? 순간적으로 **0**이 되지.

그런데 꼭대기에서 측정한 **가속도**는 어떨까? 0이 아니다! 가속도는 운동의 모든 과정을 통틀어 일정하다. 공이 올라갈 때는 가속도가 공을 느리게 하고, 아래로 내려올 때는 속력이 붙는다. 마찬가지로 공중으로 던져올린 돌멩이도 항상 가속도 **g가 아래 방향**으로 작용한다.

CHAPTER 2
사과와 달

달의 운동을 비롯해 우리 주변의
모든 운동을 이해하기 위해서, 먼저
질문을 하나 던져보자.
물체에 아무런 힘도 작용하지
않는다면, 그 물체는 어떻게 될까?

수세기 동안 물리학은
아리스토텔레스
(BC 384~322)의 그늘에서 잠들어
있었다. 아리스토텔레스는
천체(달, 별)의
'자연' 운동은 **원운동**이고,
지상의 물체(사과, 돌, 여러분)는
'자연히' **낙하**하는 경향이
있다고 믿었다.

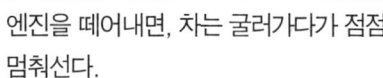

물체가 일정한 직선운동을 계속하는 데 **어떤 힘**도 필요하지 않다는 갈릴레오의 주장은 그의 천재성을 보여준다.

갈릴레오 생각의 뛰어난 점은
힘이 운동을 변화시킨다는 걸
알았다는 데 있다.
물체를 그냥 놔두면 직선운동을
영원히 계속할 것이다.
물체가 서서히 멈춰서는 것은
바로 마찰력 때문이다.

탄력성 있는 고무 매트만으로도 이 개념을 확인해볼 수 있다.

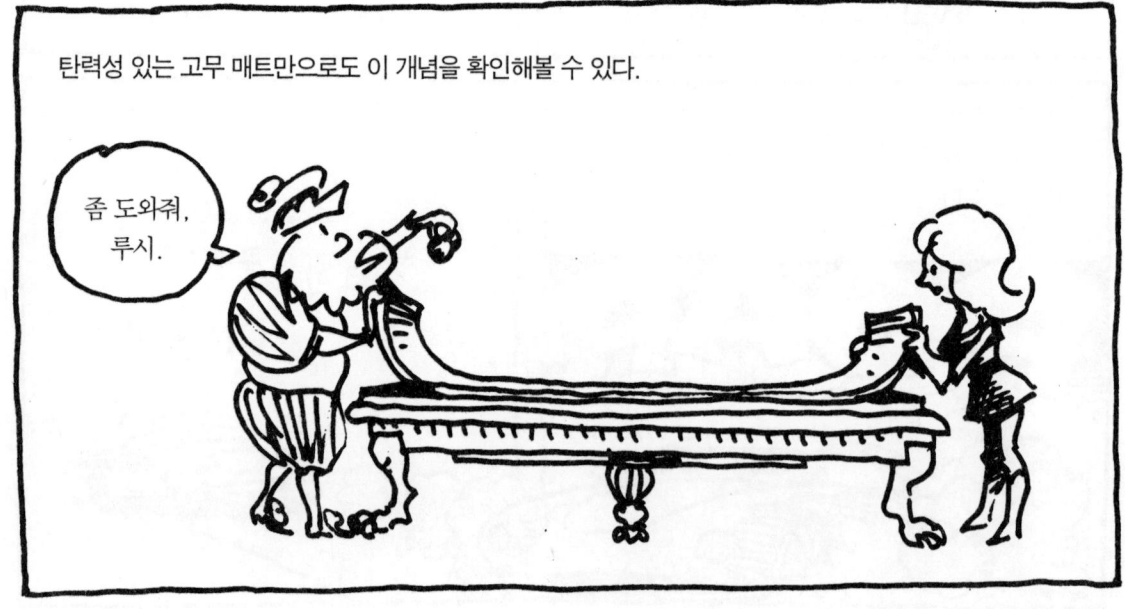

공을 굴리면 반대편의
같은 높이까지
올라가려고 한다.
그래서 반대쪽 면이
없으면 공은 영원히
굴러갈지도 모른다.
물론 마찰이 없을 때
말이다.

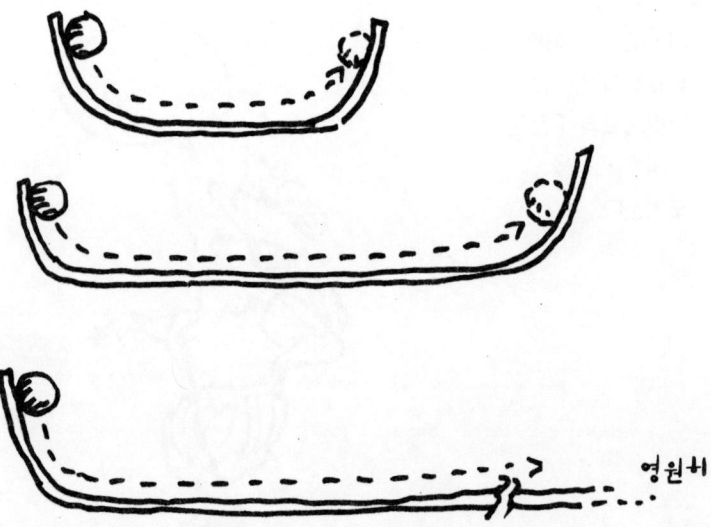

아이작 **뉴턴** (1642~1727)은 갈릴레오의 생각을 **뉴턴의 제1법칙**으로 요약했다.

정지해 있는 물체는 계속 정지해 있으려는 경향이 있고, 운동 중인 물체는 일정한 속력으로 직선운동을 계속하려는 경향이 있다.

그는 또 이렇게 말했다. "내가 멀리 내다볼 수 있었던 건 내가 거인의 어깨 위에 서 있었기 때문이다." 물론 거인은 갈릴레오를 말한다.

1장에서 이야기한 용어대로 말한다면, 힘이 작용하지 않으면 물체는 **일정한 속도**로 계속 운동한다.

뉴턴의 제1법칙을 '따르려는' 물체의 성질을 **관성**이라고 한다. 관성은 운동 변화에 대한 저항이다.

물체가 갖는 관성의 양은 질량으로 측정된다. 무거운 물체일수록 관성이 큰데, 그 물체의 운동 상태를 바꾸려면 큰 힘이 있어야 한다.

링고가 가속 중인 차에 타고 있으면 힘을 느낀다는 말을 앞서 이야기한 바 있다.

이는 차가 링고의 관성을 극복하고 가속시키기 위해 링고에게 영향을 주는 힘이다.

뉴턴은 이렇게 말할 것이다.

여기는 브레이커 1.9, 힘이 관성을 극복하고 가속도를 내고 있다. 들리나?

뉴턴은 힘과 질량, 가속도 사이의 관계를 수식으로 나타냈는데, 이것이 뉴턴의 **제2법칙**이다.

$$F = m \cdot a$$

또는 $a = F/m$

또는 $m = F/a$

물체에 힘을 많이 줄수록 가속도 역시 커진다. 하지만 질량은 클수록 가속도에 대한 저항이 커진다.

끄응!

이제 다시 달을 살펴보자.
달은 원—거의 원에
가깝다—을 그리며 지구
주위를 돈다. 이미 보았듯이,
원운동도 가속도가 있다.
그래서 달에도 힘이 작용하여

**지구가
달을 잡아당기고
있는 것이다.**

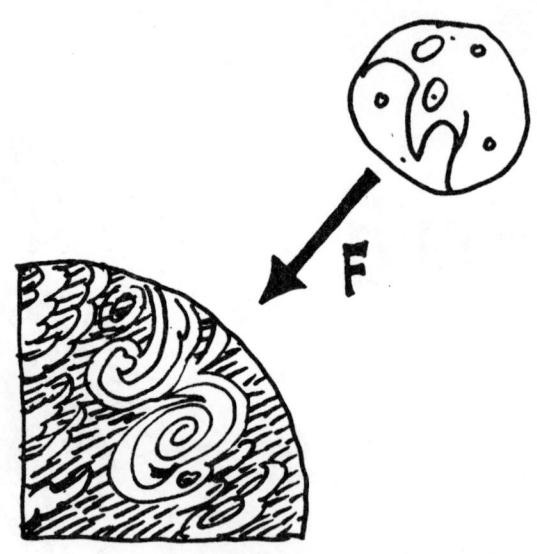

지구가 표면 가까이에 있는 물체들을
잡아당기고 있어서 물체들이 아래쪽으로
가속되는 사실을 우리는 알고 있다.

똑같은 힘, 즉 **중력**이 달에도 작용한다.
만일 중력이 없다면 달은 계속 직선운동을 할
것이다.

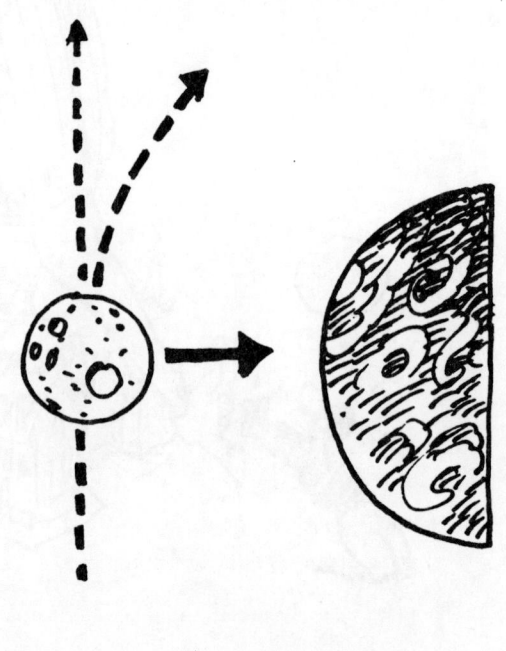

지구의 중력이 없다면, 사과를 공중에 놓아도 떨어지지 않고 계속 정지('본래'의 운동 상태)해 있을 것이다.

마찬가지로 중력(또는 다른 힘)이 없다면, 달은 일정한 속력으로 직선을 따라 계속 갈 것이다. 하지만 중력이 작용하여 달은 지구 쪽으로 가속이 붙는다. **달은 낙하**하고 있는 것이다.
'제1법칙'에 따른 본래의 직선운동에서 벗어나 낙하하는 것이다.

달은 직선으로부터 1초에 약 1mm씩 낙하한다.

지구 표면 근처에 있는 사과는 1초에 4.9m씩 떨어진다.

달은 사과만큼 많이 떨어지지 않는다. 왜냐하면 달은 지구에서 멀리 떨어져 있어서 지구의 중력이 훨씬 약하기 때문이다.

잠시 멈춰서 뉴턴이 이룬 업적을 생각해보자. 사과와 달의 운동은 똑같은 법칙을 따른다. 천체의 운동법칙도 지상의 물체와 다르지 않다. 그래서 뉴턴의 법칙들은

그 유명한 만유인력 법칙이야.

뉴턴의 중력법칙은

$$F = G \cdot \frac{M \cdot m}{r^2}$$

두 질량 M과 m 사이의 중력은 질량의 곱에 비례하고 두 물체 사이의 거리 r의 제곱에 반비례한다.

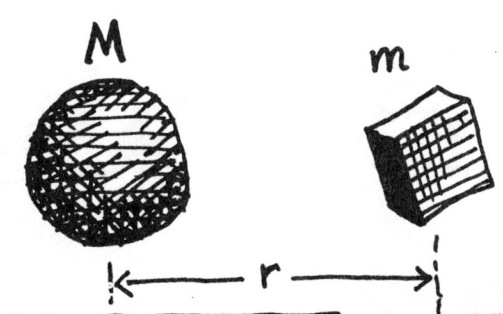

우주 만물은 서로 끌어당긴다. 지구는 달을, 달은 지구를 끌어당기고, 여러분은 나를 끌어당기는 셈이다.

어?

물론 여러분이나 나처럼 질량이 작으면 힘도 작다.

아주 작아요.

음식을 마구 먹고 삼켜도

갈비 바비큐

어때? 강해진 것 같지 않아?

측정할 수 없을 정도예요.

공식에 있는 G는 중력의 강도를 나타내는 상수다. G를 측정하려면, 질량을 아는 두 물체 사이의 인력을 측정하는 실험부터 해야 한다.

중력은 거리가 멀수록 점점 더 약해진다. 우리는 먼 달이 지구 근처의 사과보다 천천히 떨어지는 걸 앞에서 봤다. 이 **역제곱법칙**의 다른 예는 조석(물때), 즉 아침저녁으로 밀물과 썰물이 들어오고 나가는 바닷물이 있다.

달 바로 밑에 있는 지구표면의 바닷물은 지구 중심보다는 달에 더 가깝다.
그래서 달의 중력이 더 강하게 작용하므로 달 밑에 있는 바닷물이 '솟아오른다.'
그 반대편에서도 지구 중심이 바닷물보다 달에 더 가깝기 때문에,
달이 바닷물보다 지구를 더 잡아당겨서 바닷물 역시 솟아오르게 된다!

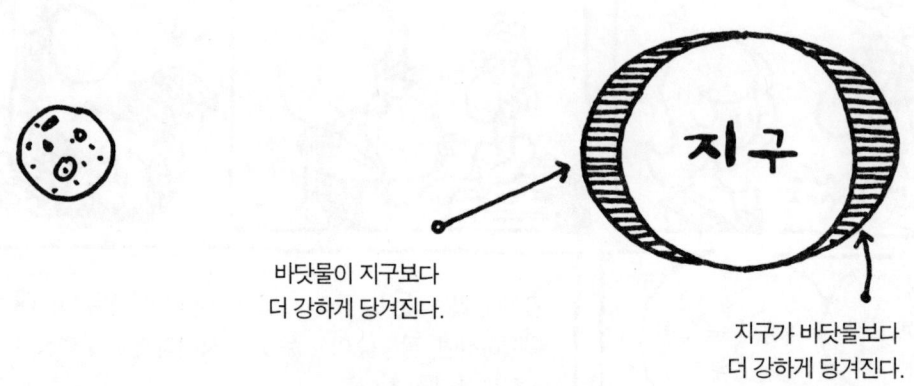

바닷물이 지구보다
더 강하게 당겨진다.

지구가 바닷물보다
더 강하게 당겨진다.

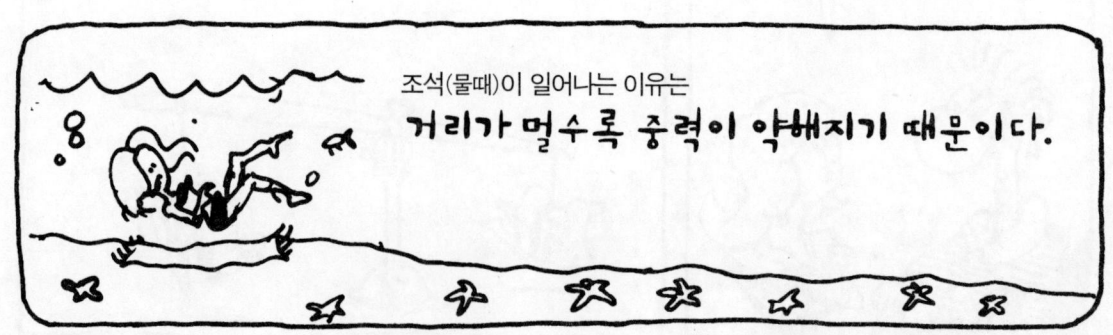

조석(물때)이 일어나는 이유는
거리가 멀수록 중력이 약해지기 때문이다.

태양도 똑같은 방법으로 조석을 일으키지만, 거리가 너무 멀어서 그 효과가 아주 작다. 매달 보름과 그믐에는 태양이 달, 지구와 일직선을 이루어 조석 차가 훨씬 크다. 이러한 현상을 한 달에 두 번씩 일어나는 **대조**(한사리)라고 한다.

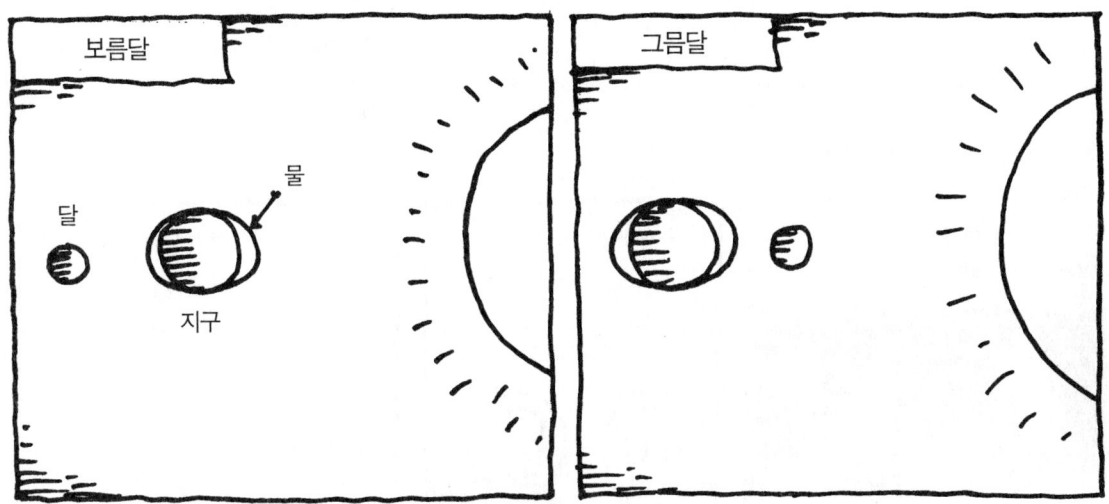

상현달과 하현달에는 태양이 달과 직각을 이룬다. 그래서 태양의 조석이 달의 조석을 감소시켜 조석 차가 작다. 이는 **소조**(조금)라고 한다.

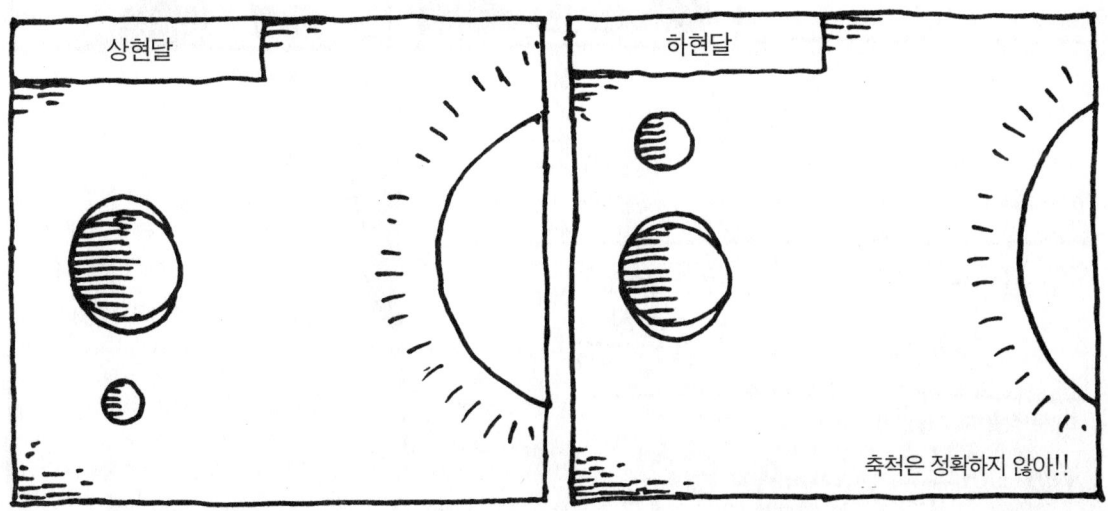

이제 지구 가까이에 있는 물체에 대한 중력의 효과를 생각해보자. 이를테면 여러분에게 미치는 중력은 바로 여러분의 몸무게다.

다음과 같은 경우에는 여러분의 몸무게가 줄 것이다.

| 다이어트를 해서 질량이 줄어든 경우. | 지구의 질량이 줄어드는 경우(또는 여러분이 달에 있을 때). | 여러분이 지구에서 멀리 떨어져 있을 때, 지붕 위에서도 실제로 몸무게가 약간 준다. |

이제 여러분이 지붕 위에서 뛰어내린다고 가정해보자. 가속도는? 여러분에게 작용하는 중력은 두 가지 방법으로 나타낼 수 있다.

뉴턴의 제2법칙	만유인력법칙
$F = mg$	$F = G\dfrac{Mm}{r^2}$

이 두 식을 함께 놓으면

$$mg = G\frac{Mm}{r^2}, \text{ 그래서 } g = G\frac{M}{r^2}$$

이 식은 g와 상수 G, 지구의 질량, 반경과의 관계를 보여준다. 이 식에 여러분의 질량 m이 나타나지 않음에 주목해야 한다. g는 여러분의 질량과는 무관하다.

지구가 여러분에게 작용하는 힘 $W = mg$는 무게와 질량의 차이를 분명하게 보여준다.

질량 m은 물체 내에 들어 있는 물질의 양이다. 질량은
(1) 그 물체가 다른 물체에 작용하는 중력의 크기와
(2) 그 물체가 가속에 저항하는 관성의 크기를 말해주는 척도이다.

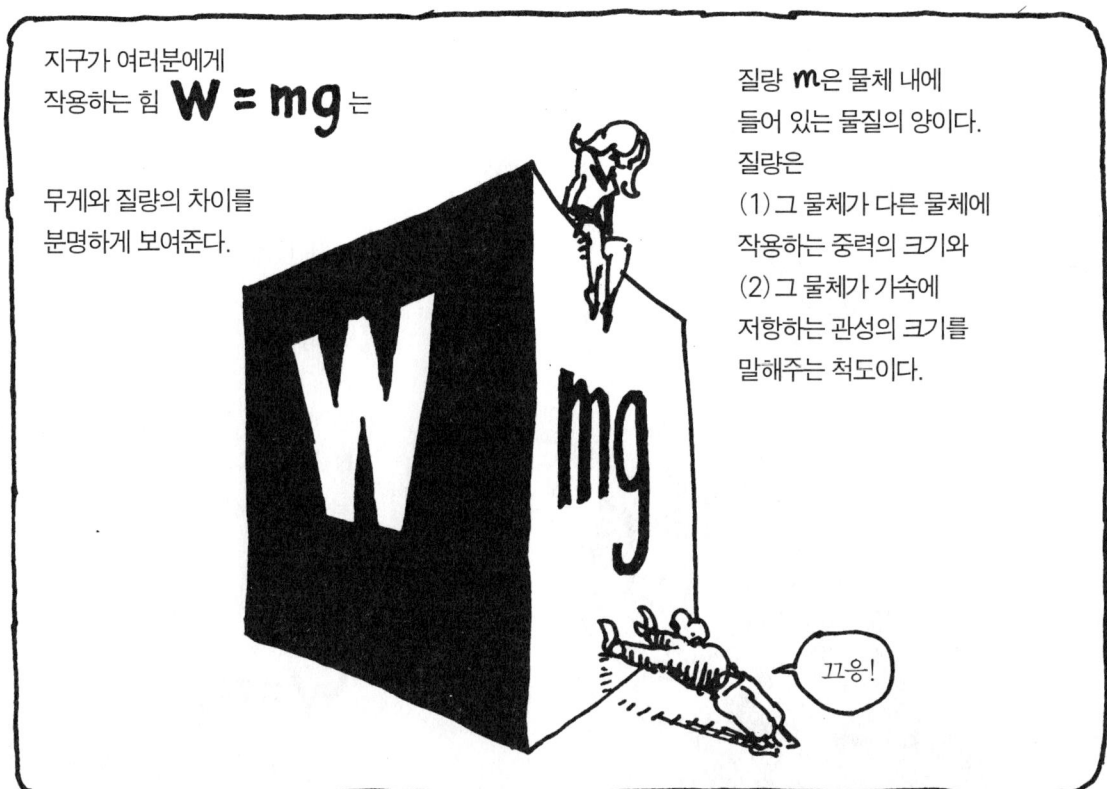

무게 W는 물체에 작용하는 중력의 양이다.
무게는 여러분이 있는 장소에 따라 다르다.
먼 우주 공간에서는 여러분의 무게가 0이 될 수도 있다.
하지만 질량은 여러분이 어디에 가든 상관없이 항상 같다!

무게와 질량은 측정단위가 다르다. 미터법에서 질량의 단위는 KG 이지만, 무게는 N(뉴턴)이다. 질량이 50kg인 사람의 무게는 아래와 같다.

$$W = mg$$
$$= (50 \text{ kg})(9.8 \text{ m/s}^2)$$
$$= 490 \text{ 뉴턴}$$

어떤 물체의 무게가 50kg 나간다는 말은 과학적으로 틀린 말이다. 무게는 힘의 단위인 N으로 말해야 하기 때문이다. 헷갈리는가? 자, 다음 설명에 귀 기울여 보라. 영미 단위 체계로는 힘의 단위가 **파운드**이지만 질량은 **슬러그**(slug)다. 무게가 160파운드인 사람의 질량은 다음과 같다.

단위의 명칭이 참 아름답군!*

$$m = \frac{W}{g} = \frac{160 \text{ POUNDS}}{32 \text{ ft/sec}^2}$$
$$= 5 \text{ 슬러그}$$

* 슬러그(slug)는 달팽이라는 뜻도 있다.

✣ CHAPTER 3 ✣
포물체

지금까지는 물체를 뺀 무게만 이야기해왔다.

가장 간단한 포물체 운동은 뭔가를 수평방향으로 쏴 보는 것이다. 절벽으로 차를 몰거나 총알을 수평으로 발사하는 것처럼. 이 운동을 이해하는 핵심은 중력이 수직방향으로만 작용한다는 점이다. 말하자면 중력은 그 운동의 아래쪽 방향에만 영향을 미친다.

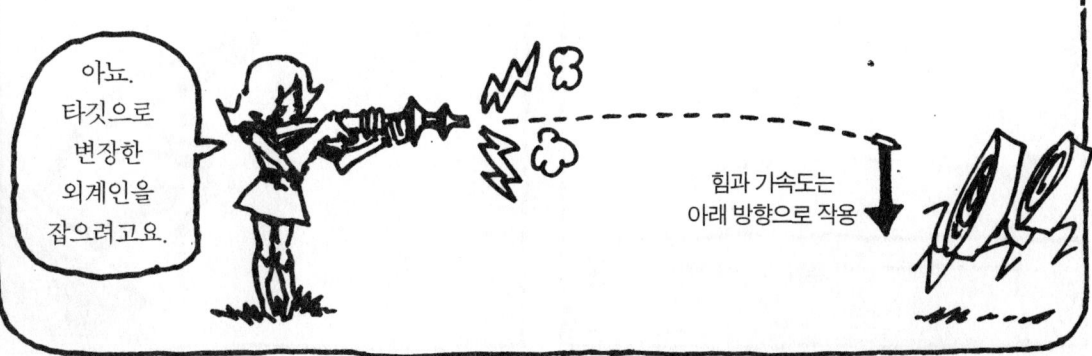

이 사실과 관련해서 다음과 같은 유명한 질문이 있다. 똑같은 지점에서 나는 수평방향으로 총알을 쏘고 링고는 총알을 떨어뜨린다면, 어느 총알이 먼저 땅에 떨어질까? (물론 높이도 똑같다.)

두 개의 총알은 떨어지는 비율이 같기 때문에 동시에 땅에 떨어진다. 수평방향의 운동은 수직방향의 운동에 아무런 영향도 주지 않는다.

예를 들어 어깨 높이인 1.215m(4ft)에서 총알을 발사했다고 하자. 그러면 떨어진 거리는 아래와 같다.

$$d = \tfrac{1}{2}gt^2$$
$$4ft = \tfrac{1}{2}(32ft/sec^2)\cdot t^2$$
$$t = \sqrt{1\,sec^2/4} = \tfrac{1}{2}sec$$

아래쪽 방향의 가속도와 속도는 같다.

총알의 수평속도가 300m/sec라면, 총알은 1/2초에 150m 날아간다.

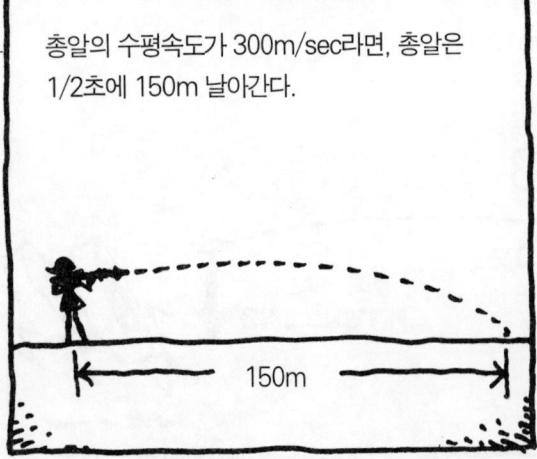

이제 다른 질문을 던져보자. 총알을 수평방향보다 위로 쏘면 어떻게 될까?

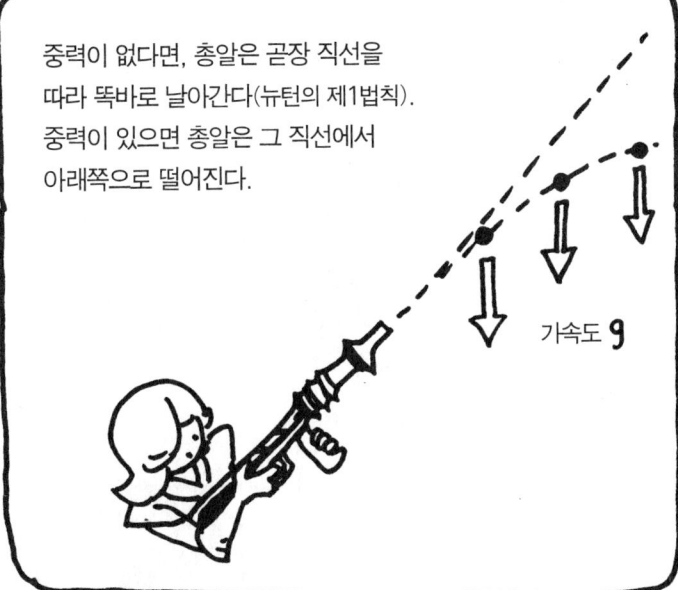

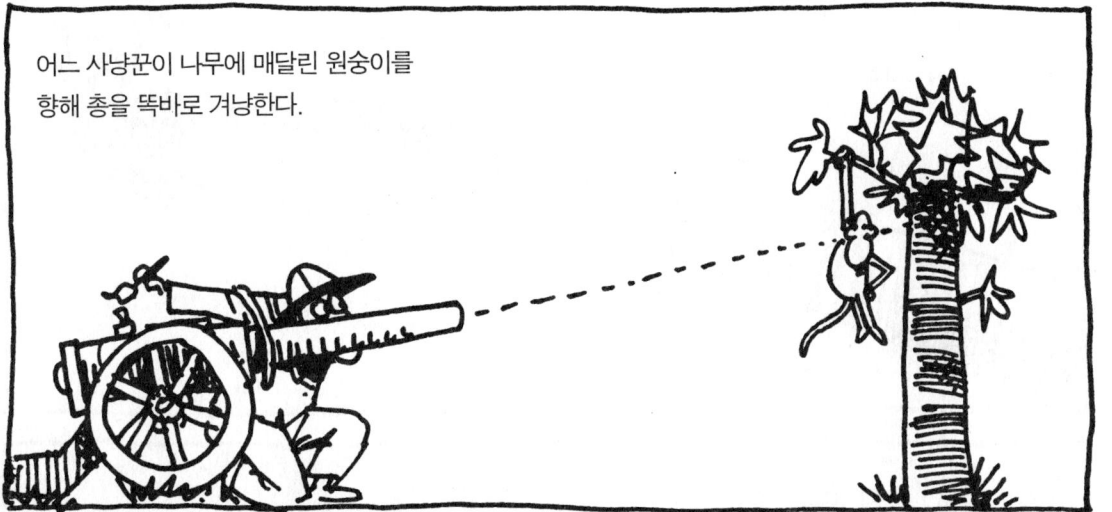

불쌍한 원숭이…
원숭이는 낙하운동과 전진운동이
서로 별개라는 걸 알지 못했다.
하지만 여러분은 알고 있다.
원숭이는 총알을 피할 수 없다는 것을.

총알의 속도가 빠르면, 총알과 원숭이가 낙하한 거리는 짧다.

총알이 느리면, 둘 다 떨어진 거리는 길겠지만, 같은 직선에서 떨어진 거리 $d=\frac{1}{2}gt^2$ 는 서로 같다.

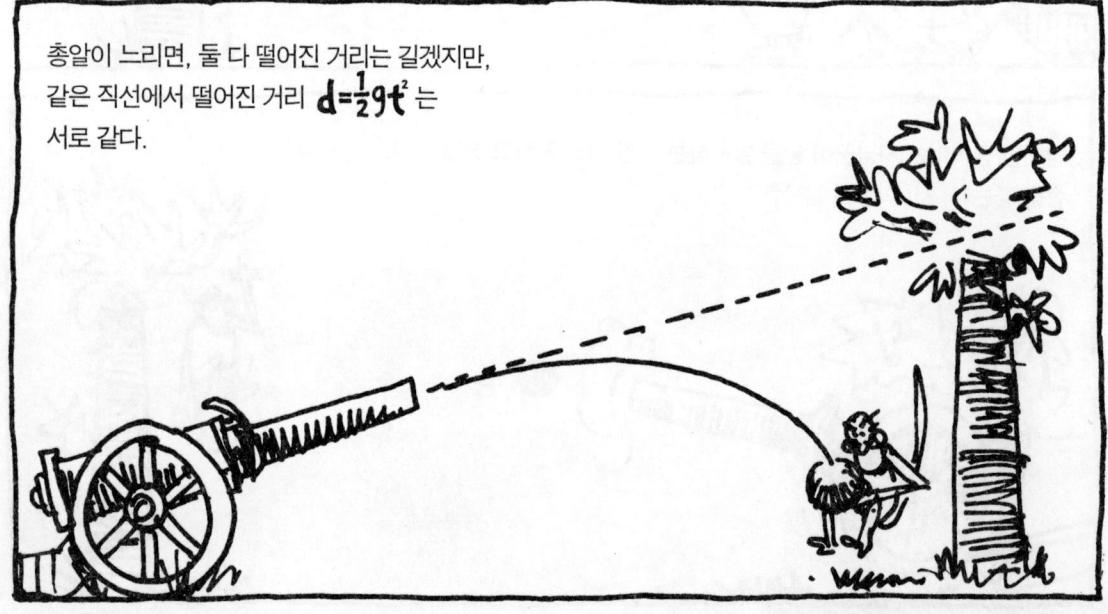

CHAPTER 4
인공위성의 운동과 무중력

자, 이제 우리가 공기저항이 없는 달에 있다고 하자. 누군가 수평방향으로 총을 점점 빠른 속도로 쏘고 있다. 수평방향의 운동은 낙하율에 영향을 주지 않으므로 총알이 땅에 떨어지는 시간은 같다. 하지만 총알이 빠를수록 달 표면에 박히는 거리는 멀다.

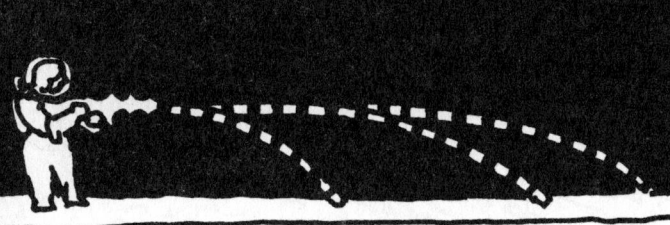

총은 4ft 높이에 있다. 지구라면 총알은 1/2초 만에 땅에 떨어지지만 이곳은 중력이 약하기 때문에 1.2초가 걸린다(땅이 평평할 경우).

그런데 총알이 아주 멀리 날아가면, 새로운 일이 벌어진다. 달은 평평하지 않고 둥글다는 사실!! 땅이 굽기 시작하고 총알에서 멀어져버린다.

결국 총알을 점점 빠르게 쏘면 총알이 1.2m 떨어지는 동안 땅도 아래로 1.2m 굽어진다. 그래서 총알은 여전히 1.2m 높이에 그대로 있다! 총알이 또다시 1.2m 떨어지는 동안, 땅도 그만큼 굽는다.

결국 총알은 달 주위를 1.2m 높이로 궤도를 돈다. 총알이 계속 낙하하지만, 땅도 일정하게 계속 굽는다.

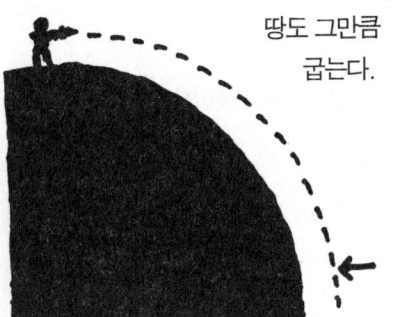

물론 이는 총알의 속도를 늦추는 공기저항이 없는 때에만 가능하다(그리고 1.2m 높이에 장애물이 없어야 함은 두말하면 잔소리!). 이 실험으로 인공위성의 원리를 알 수 있다. 지구에서 로켓을 이용해 인공위성을 대기권 위로 쏘아올린 다음, 인공위성을 기울여서 지구가 굽는 만큼만 낙하하도록 충분한 수평방향의 속도를 준다.

마찬가지로 지구의 위성인 달도 계속 낙하하지만, 수평방향의 속도가 지구로부터 같은 높이를 유지하도록 만들어준다(달의 궤도는 거의 원에 가깝다).

이제 우주왕복선을 타고 올라가보자. 궤도에 진입했을 때, 엔진을 끄면 우리에게 작용하는 유일한 힘은 **중력**뿐이고 우린 지구를 향해 떨어진다.

하지만 우주왕복선도 마찬가지야. 이것 역시 똑같은 가속도로 떨어진다.

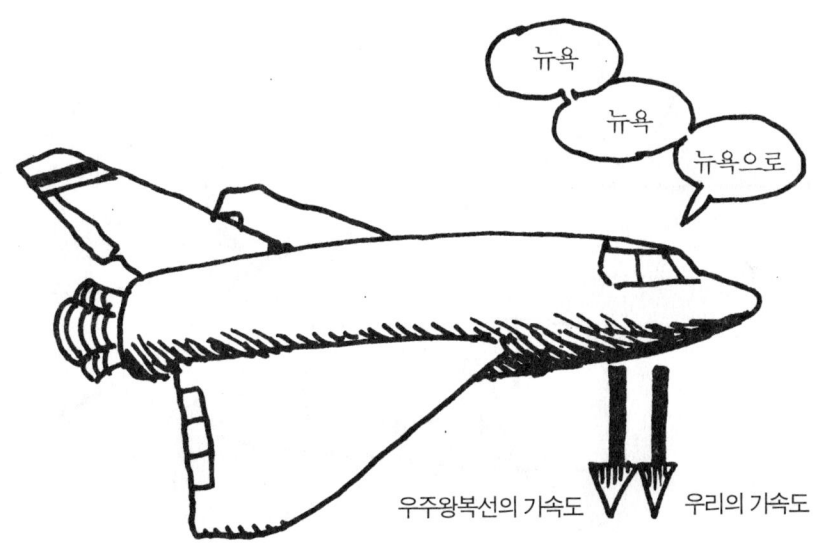

그래서 우주왕복선과 우리 사이에 상대운동은 없고, 우린 자유롭게 공중에 뜬다. 바로 무중력 상태다!!

떨어지는 우주왕복선 안에서 사과를 놓으면 공중에 붕붕 떠다닌다. 사과를 손가락으로 살짝 밀면 직선으로 움직일 것이다. 뉴턴의 제1법칙이다!!

우주왕복선에 작용하는 힘이 중력뿐일 때는 미끄러져 내려오든 자유낙하하든 궤도를 돌든 간에 그 안의 물체는 모두 **무중력** 상태다.

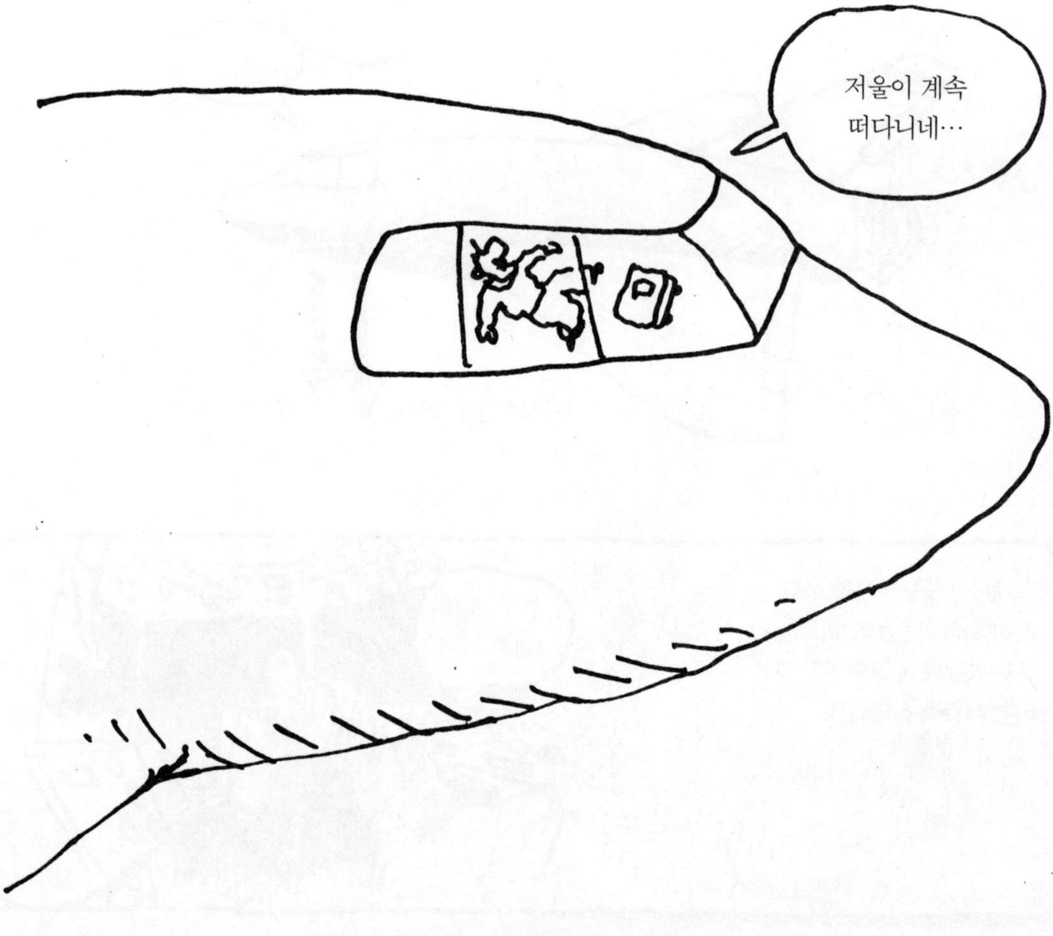

저울이 계속 떠다니네…

지구에서도 그런 현상을 만들어낼 수 있다. 엘리베이터 안으로 들어가봐. 내가 줄을 잘라볼게!!

잠시 동안 무중력 상태를 느낄 거예요!

오, 좋아.

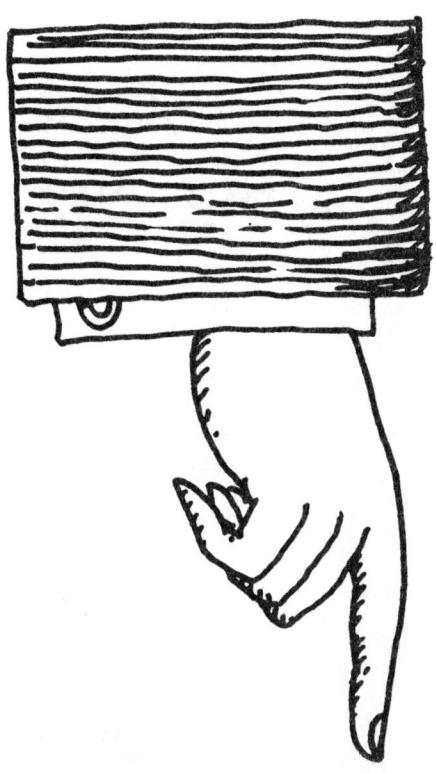

중력이 가속도를 만들어내지만 낙하하는 물체 내에서는 **가속력**을 느낄 수가 없다.

이것이 아인슈타인에게 중력이 물체의 성질이라기보다는 공간의 성질이라고 생각하게 된 실마리가 되었다.

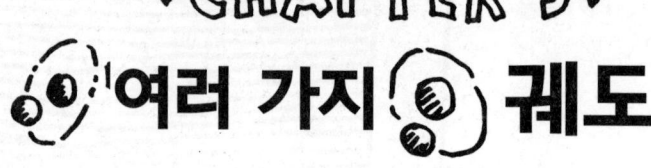

CHAPTER 5.
여러 가지 궤도

 지금까지 우리는 원궤도만 살펴보았다. 인공위성을 수평방향으로 충분한 속력을 주면, 직선에서 원의 곡률에 맞게 일정률로 낙하해서 원궤도를 돈다. 그런데 발사 속력이나 각도를 바꾸면 어떻게 될까?

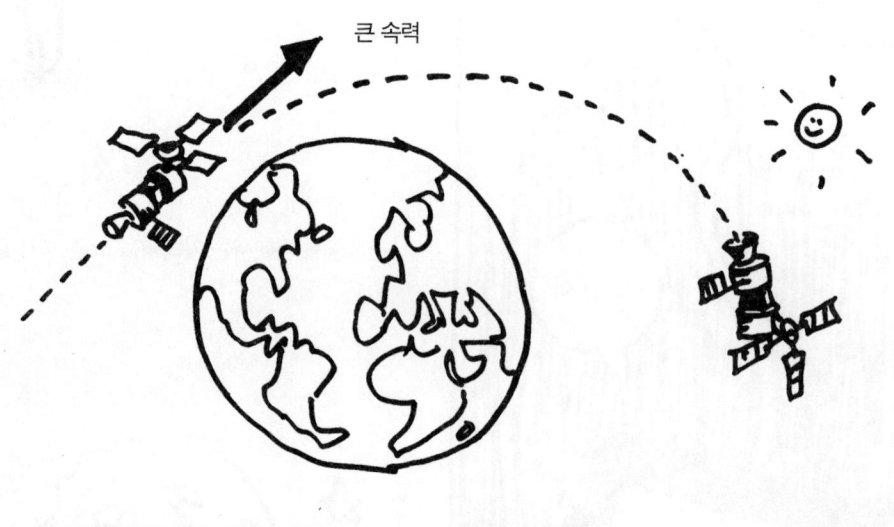

큰 속력

궤도를 계산하는 방법 중에 '완력'이라는 전통적인 수학 기법이 있다.

'보기 흉한 수학'이라고도 한다.

완력기법은 아래의 중력 공식에서부터 시작한다.

$$F = G\frac{Mm}{r^2}$$

(M=지구의 질량 m=인공위성의 질량
r=둘 사이의 거리 G=상수)
이는 인공위성에 작용하는 힘이니까,
뉴턴의 제2법칙 a=F/m에 따라
위성의 가속도를 계산한다.
그리고 이 가속도로 생기는
속도의 변화량도 계산할 수 있다.

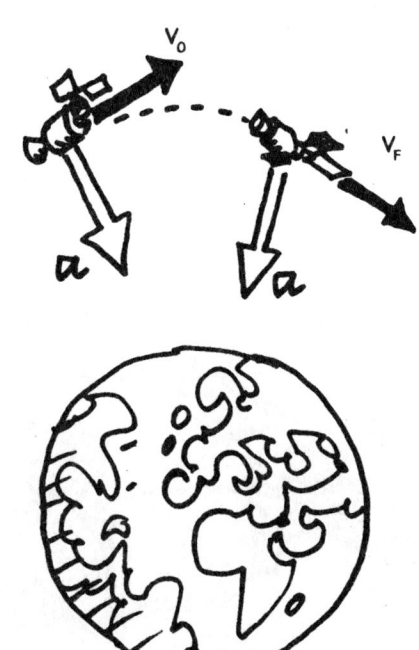

하지만 애석하다. 위성이 조금 움직이면 r이 달라져서 중력도 바뀐다! 그래서 가속도와 속도를 다시 계산한다. 그리고 다시 계산하고, 또다시… 또다시… 또다시… 수천 번을 계산해나간다!!!

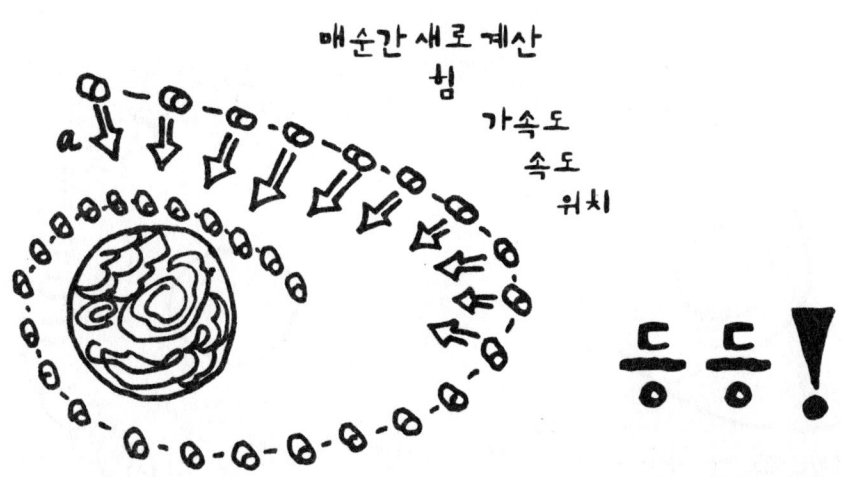

매순간 새로 계산
힘
가속도
속도
위치

등등!

물체가 두 개밖에 없다면, 계산으로 궤도공식을 유도해낼 수 있다. 뉴턴의 중력법칙에서 가능한 궤도는 원, 타원, 포물선 그리고 쌍곡선밖에 없다.

그러나 물체가 세 개 이상이 되면, 완력과 컴퓨터가 우리의 유일한 희망이다! 예를 들면, 달은 태양 주위를 타래송곳처럼 생긴 궤도를 따라서 돈다.

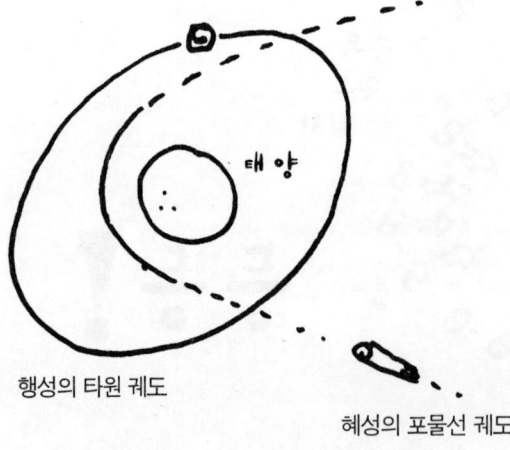

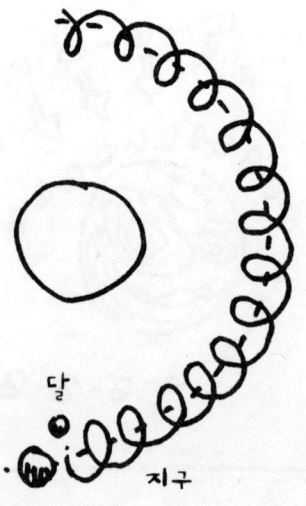

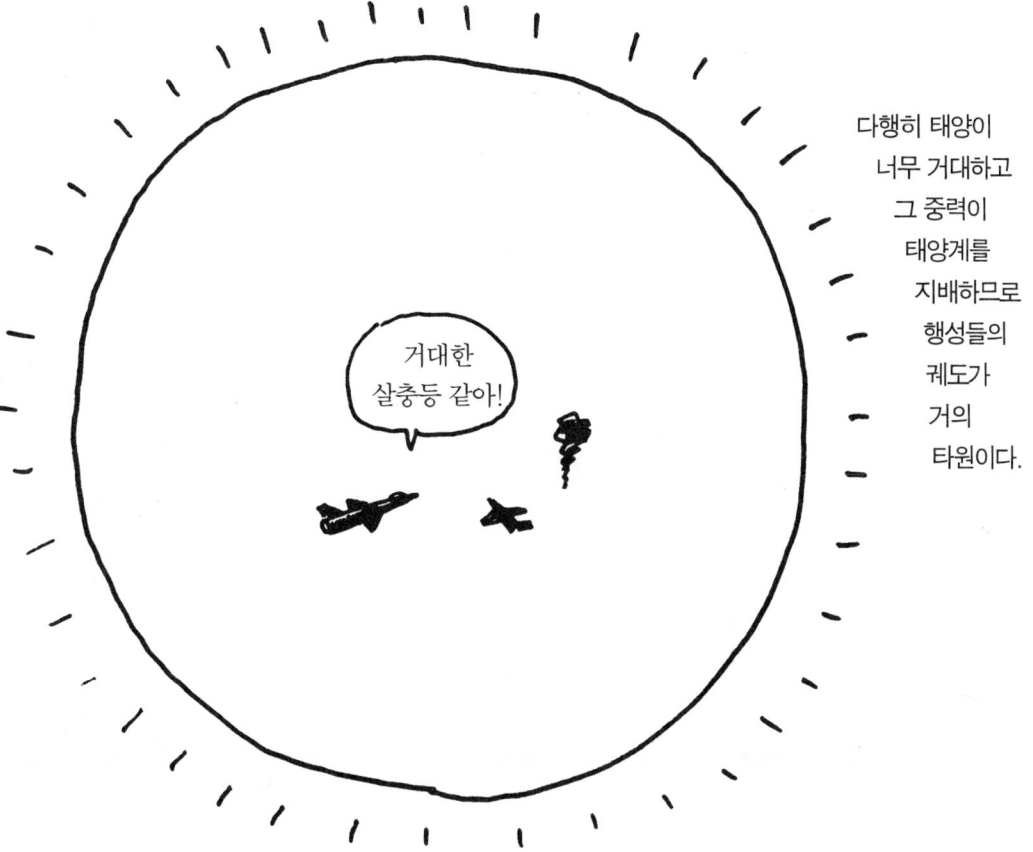

다행히 태양이 너무 거대하고 그 중력이 태양계를 지배하므로 행성들의 궤도가 거의 타원이다.

타원궤도를 처음 발견한 사람은 **케플러**(1571~1630)이다. 그는 화성의 궤도가 타원이라는 것을 입증했다. 그 후 뉴턴은 타원궤도가 중력의 역제곱법칙의 결과라는 것을 입증하였다.

하지만 정확하게 타원궤도는 아니다. 그래서 행성으로 우주탐사선을 보낼 때는 완력 수학을 이용해 정확하게 계산한다.

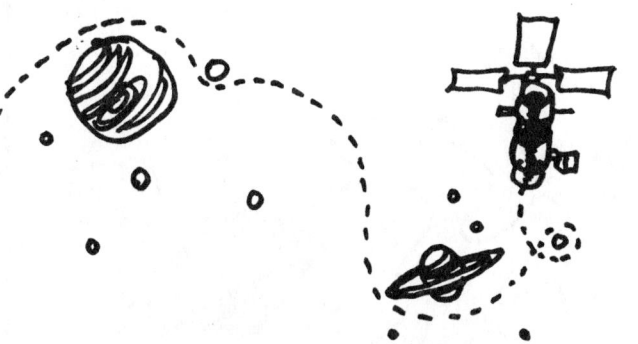

방정식은 간단하다. 방정식은 운동의 일반적인 성질을 기술한다. 그러나 실제 운동은 모든 물체의 초기 위치와 속도에 따라 달라진다. 태양계는 $F = G\frac{Mm}{r^2}$와 $F = ma$에 따라 움직이지만, 우주탐사선을 발사하려면 엄청난 양의 계산이 필요하다.

물리학은 대체로 일반적인 방정식을 찾아서 특정한 경우에 대해 푸는 것이다. 그런데 빅뱅에서부터 시작된 우주의 물리적 상태를 몇 개의 방정식으로 기술한다는 것이 가능할까?

CHAPTER 6
뉴턴의 제3법칙

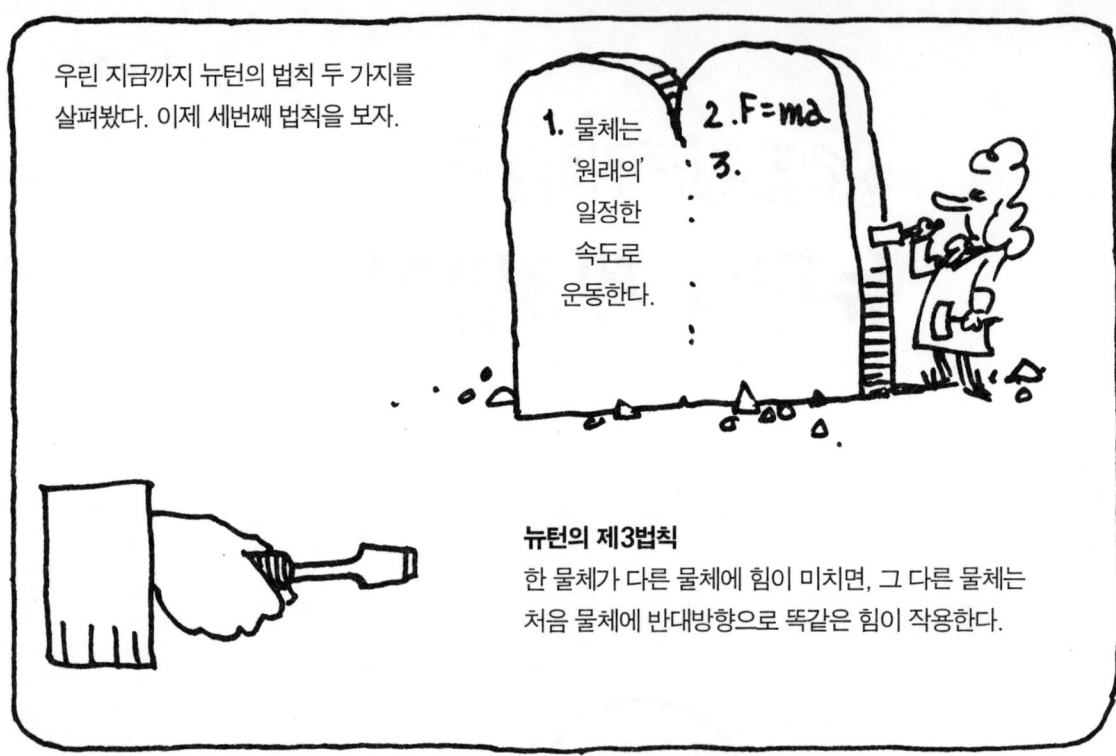

다시 말하면,
작용과 반작용은 같다.
예를 들어 내가 벽을 밀 때, 벽도 똑같은 크기의 힘으로 나를 민다.
달에 작용하는 지구의 중력과 지구에 작용하는 달의 중력도 서로 같다.

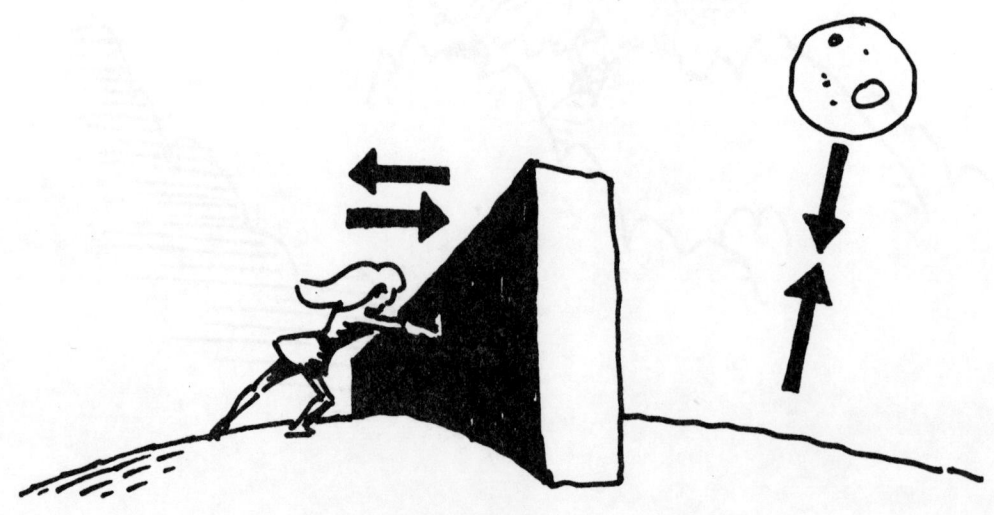

지구의 인력은 달을 (거의) 원궤도로 유지시킨다. 그런데 지구에 대한 달의 인력은 어떤가?

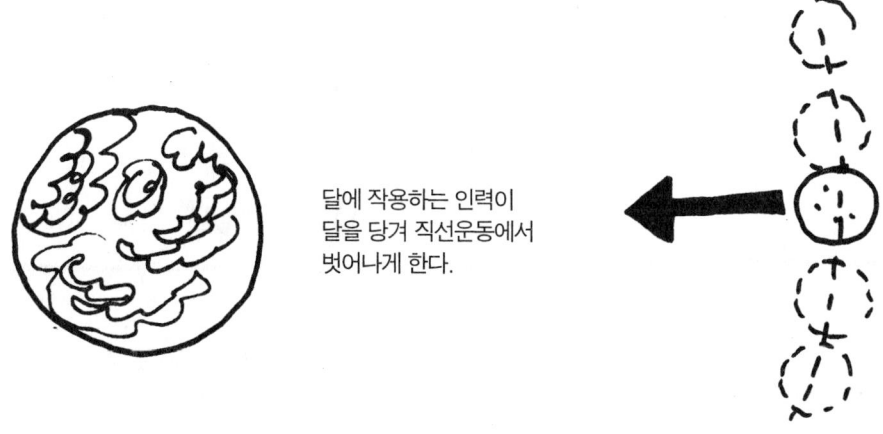

달에 작용하는 인력이 달을 당겨 직선운동에서 벗어나게 한다.

사실, 달의 인력도 지구가 작은 궤도를 돌도록 만든다! 다만, 지구는 달보다 훨씬 크기 때문에 달에 비하면 아주 작게 움직이는 것처럼 느껴진다.

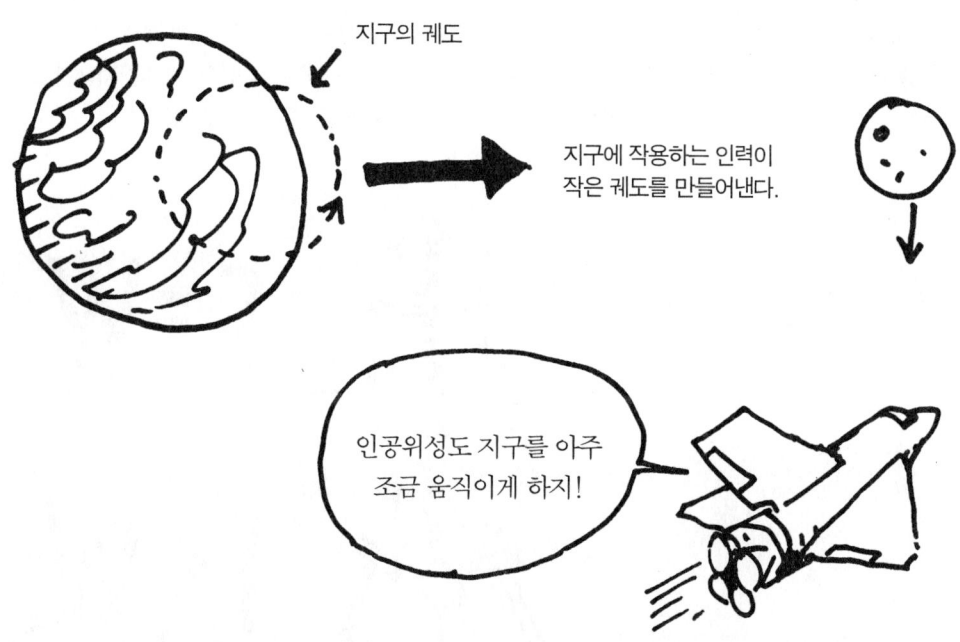

지구의 궤도

지구에 작용하는 인력이 작은 궤도를 만들어낸다.

인공위성도 지구를 아주 조금 움직이게 하지!

탁자 위에 책이 한 권 있다. 책의 무게 **W**에 반대되는 힘은 뭘까? 그건 탁자가 지탱해주는 힘이 아니다!

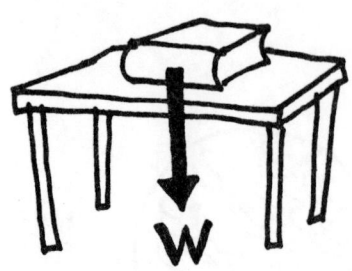

책에 힘 **W**를 가하는 물체는 **지구다!** 지구가 책을 힘 **W**로 끌어당기고, 책도 지구 전체를 힘 **W**로 끌어당기는 것이다!

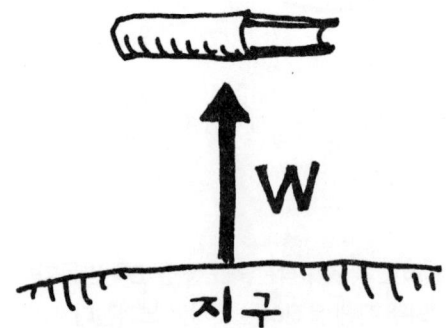

그러나 탁자도 책을 밀어 올리고 있지 않나? 맞다, 책은 움직이지 않으니까. 뉴턴의 제2법칙에 따라 책에 작용하는 힘은 0이 된다. 지구가 책을 아래로 당기고 있으니까, 무엇인가 책을 밀어 올려야 맞다. 그게 바로 탁자이고 $F=W$다. 하지만 이건 여러 경우 중 하나일 뿐! 만일 탁자가 책을 지탱할 만큼 튼튼하지 못하면, 밀어 올리는 힘이 **W**보다 작아서 책이 탁자를 부수고 아래로 떨어진다.

예를 하나 더 들어보자. 짐수레에 똑같은 힘이 뒤쪽으로 끌어당긴다면, 말이 어떻게 짐수레를 끌 수 있을까?
이를 분석하려면, 물체별로 거기에 작용하는 힘을 살펴보아야 한다.

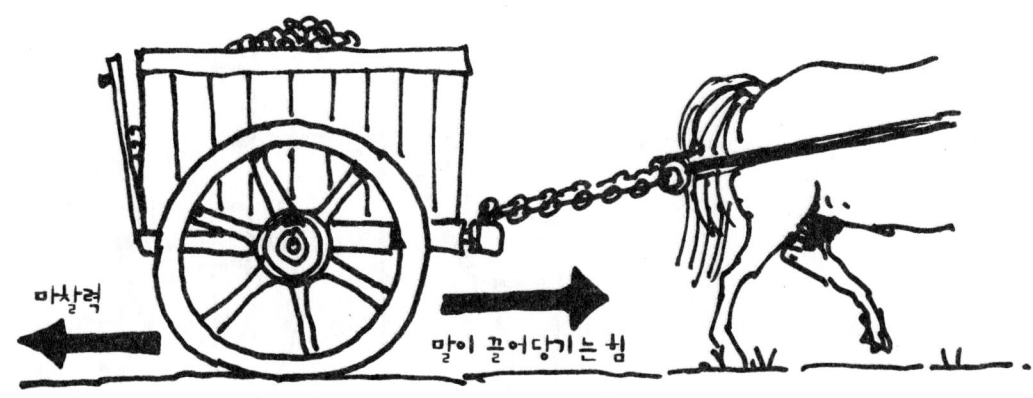

짐수레에 작용하는 힘은 뭘까? 말이 앞으로 끌어당기는 힘과, 땅에서 생기는 뒤로 당기는 힘,
즉 **마찰력**이 있다. 말이 당기는 힘이 마찰력보다 크면 짐수레는 가속이 붙을 것이다.

말의 경우에는 뉴턴의 제3법칙에 따라 짐수레가 말을 뒤로 당긴다. 말을 앞으로 밀어주는 건 뭘까?
그건 땅이야! 말이 땅을 뒤로 밀면, 땅도 똑같은 힘으로 말을 앞으로 밀어주는 것이다.
말이 짐수레의 관성보다 더 큰 힘으로 땅을 뒤로 밀면, 말은 앞으로 가속될 수 있다!

로켓의 예를 하나 더 들어보자. 로켓은 배기가스에 아래로 미는 힘을 가한다. 그리고 뉴턴의 제3법칙에 근거해 배기가스는 로켓을 다시 밀게 된다. 이 밀어 올리는 힘이 로켓의 무게보다 크면, 위로 올라가는 것이다.

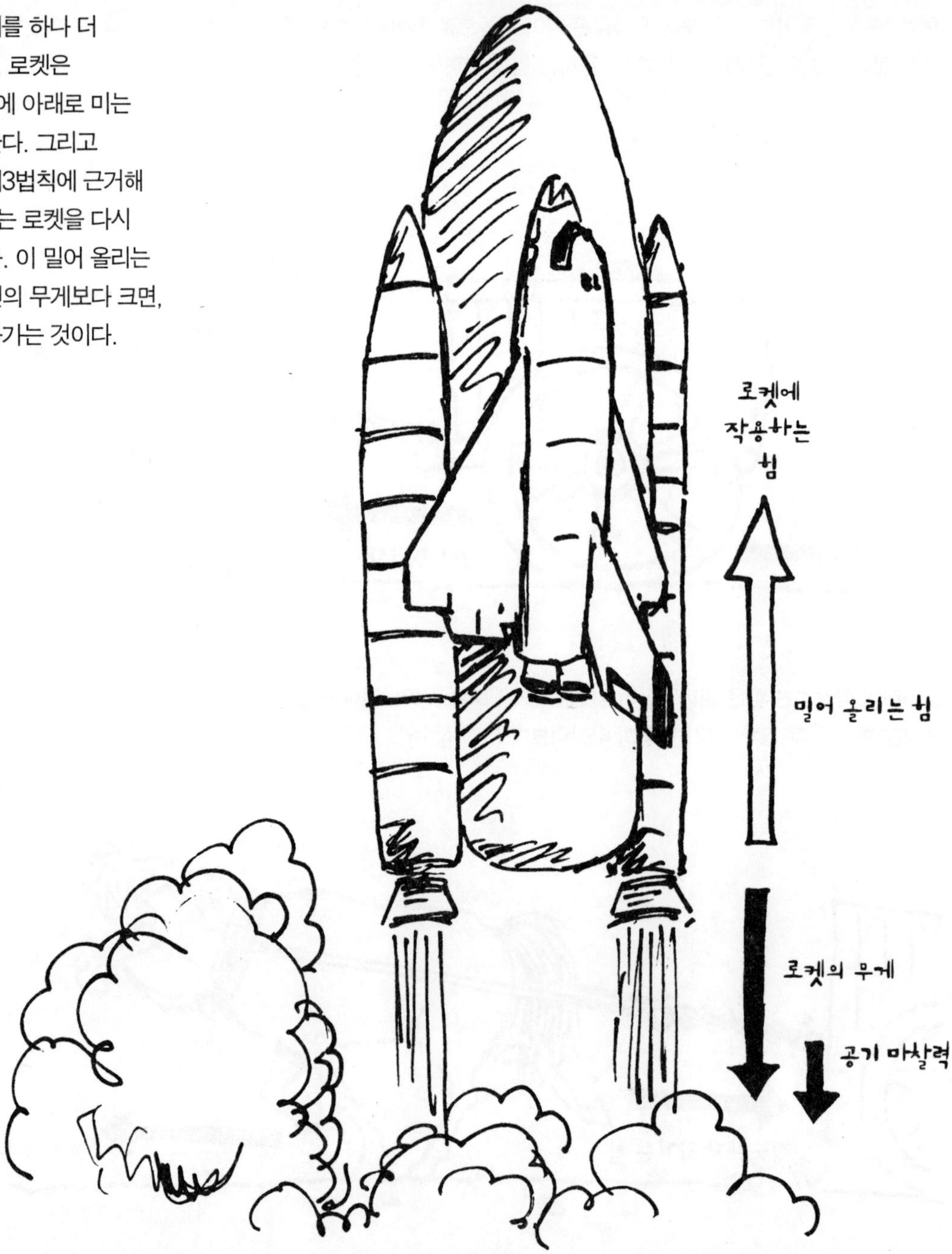

로켓에 작용하는 힘

밀어 올리는 힘

로켓의 무게

공기 마찰력

주의
배기가스가 꼭 공기를 밀어야 하는 건 아니다. 사실 공기는 로켓을 끌어당기는 마찰력으로 작용할 뿐이다.

맞아. 난 알고 있었어.

CHAPTER 7
힘, 좀더 알아보자

뉴턴의 법칙은 힘이 무엇인지를 알려준다.

오, 뉴턴에 대해 많이 알게 됐어~

1. 힘이 작용하지 않으면, 물체는 원래의 일정한 속도를 유지한다.

2. 힘은 그 크기에 비례하는(또 질량에는 반비례하는) 가속도를 만들어낸다.

3. 물체는 서로에게 크기가 같고 방향이 반대인 힘이 작용한다.

힘은 '벡터량'이다. 속도와 가속도처럼 힘도 크기와 방향을 갖는다. 아래 그림은 여러 방향으로 작용하는 힘을 보여준다.

하지만 물체가 움직이지 않기 때문에, 힘을 모두 합하면 0이 된다(뉴턴의 제2법칙!).

언덕을 일정한 속도로 달려 내려가고 있는 스키선수를 생각해보자. 그에게는 무게, 땅의 지지력, 마찰력이 작용한다. 하지만 이때에도 힘의 총합은 0이 된다.

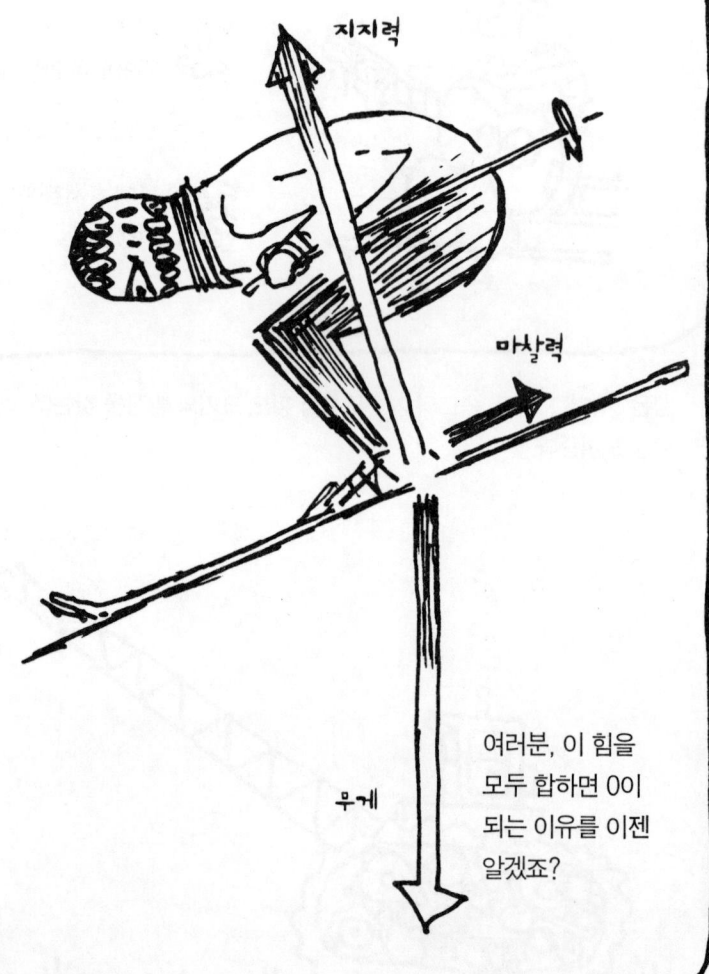

여러분, 이 힘을 모두 합하면 0이 되는 이유를 이젠 알겠죠?

이제 각 팀이 980N으로 서로 당기고 있는 줄다리기를 상상해보자. 줄에 작용되는 장력은 얼마일까? 장력이 2×980＝1960N일까?

줄의 중간 부분을 잘라내고 용수철저울을 달았을 때, 용수철저울에 나타난 수치가 바로 장력이다.

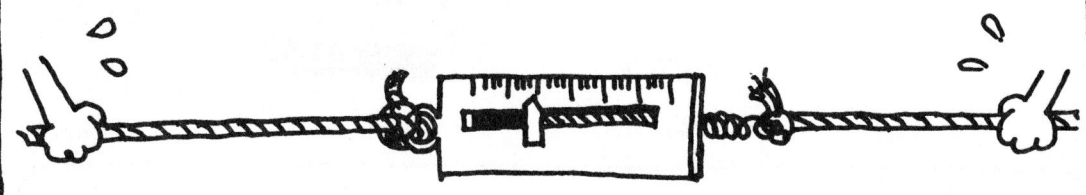

이 상황은 질량이 100kg인 물체를 용수철저울에 매단 경우와 비교할 수 있다. 이 물체의 무게는 980N(＝mg)이다.

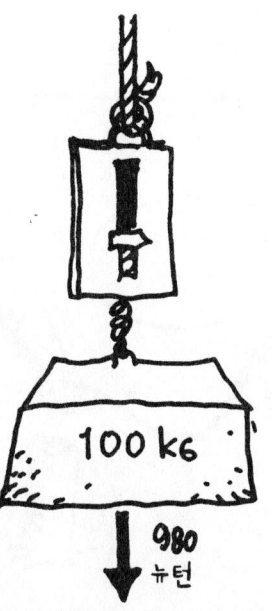

물체는 저울을 980N의 힘으로 아래로 당기고, 저울도 똑같은 힘으로 그 물체를 위로 당긴다. 또한 저울과 천장도 980N의 힘으로 서로 당긴다.

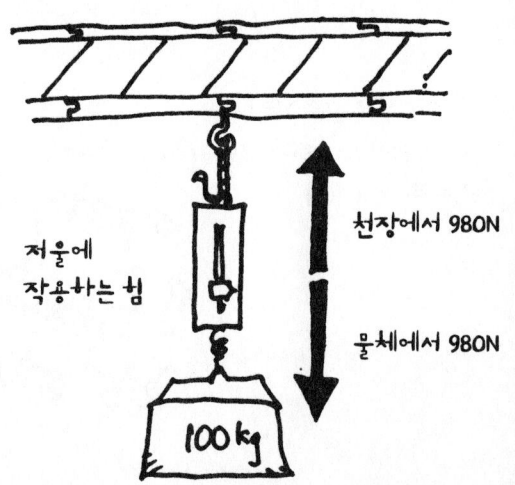

결과적으로, 줄은 저울을 통해 힘을 물체에서 천장으로 전달한다. 뉴턴의 제3법칙에 근거해 물체와 줄은 서로 똑같은 힘으로 당기고, 줄에 걸리는 장력, 저울의 수치는 980N이 된다.

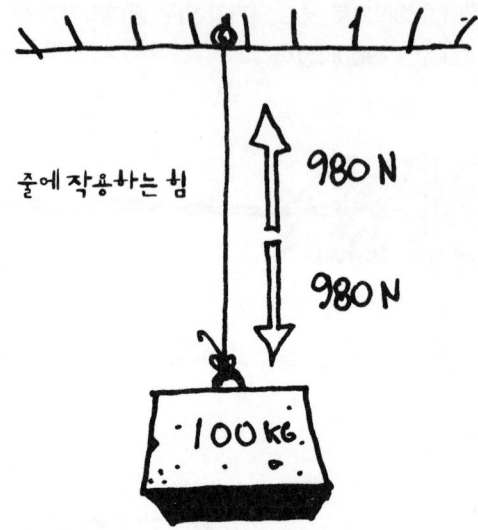

이제 줄다리기에서 장력이 980N이라는 게 이해될 것이다.
줄은 한 팀에서 다른 팀으로 힘을 전달한다.

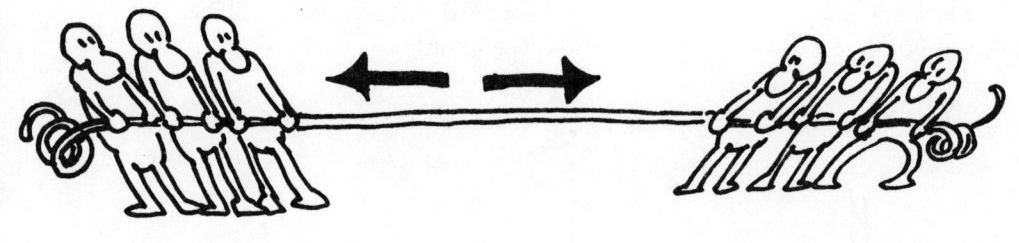

만일 줄의 한쪽 끝을 기둥에 매고, 두 팀이 함께 당긴다면 장력은 두 배가 된다.

우리가 매일 보는 힘 중 하나가 **마찰력**이다. 탁자 위에 놓인 책을 밀면, 마찰력의 저항을 느낄 수 있다. 그리고 처음에 책을 살살 밀어보면, 마찰력의 변화를 알 수 있다.

마찰력은 어느 순간까지 저항하다가 꺾여서 책이 움직이게 된다.

책이 움직이기 시작할 때 마찰력이 약간 감소하는 걸 느낄 수 있다. 두 물체의 접촉면이 정지되어 있을 때 **정지마찰력**은 점점 커져서 최고값에 이른다. 접촉면이 움직일 때 **운동마찰력**은 정지마찰력보다 작다. 차의 타이어가 미끄러지는 것이 구르는 것보다 정지하는 데 시간이 더 걸리는 이유가
바로 이 때문이다.

미끄러지는 타이어는 운동마찰력으로 감속된다.

구르는 타이어는 매순간 접촉점이 정지(!)되어 정지마찰력으로 감속된다.

어떤 힘들은 가짜야!!!

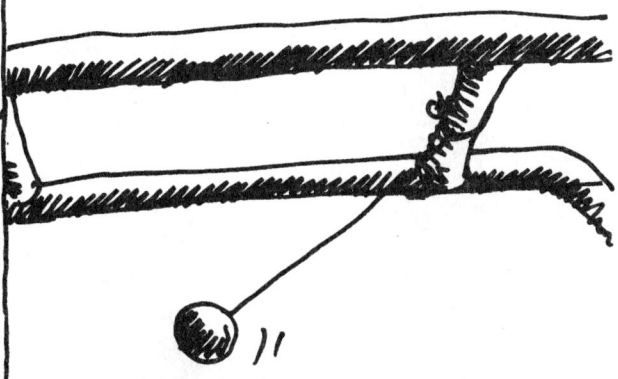

링고가 매단 가속도계의 공을 기억하고 있을 것이다.
링고가 속도를 높이면 공은 뒤로 갔다.
그런데 그 이유가 뭘까?

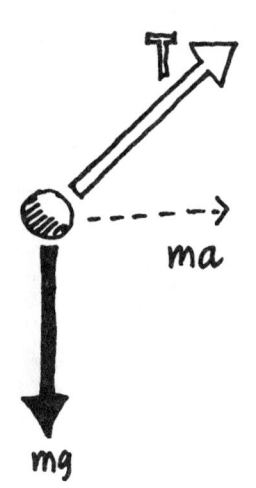

공에 작용하는 실제 힘은 크기가 mg이고, 아래로 당기는 중력과 줄의 장력 둘뿐이다. 링고가 가속을 붙이면, 뉴턴의 제2법칙에 따라 이 두 힘의 합은 크기가 ma이고 앞쪽을 향한다. 그래서 줄이 비스듬히 기울게 된다.

하지만 차 안에 있는 링고는 이상한 '가속력'이 모든 물체를 뒤쪽으로 민다고 생각할 것이다.

그러나 뒤로 미는 힘은 없다.
그 '힘'은 가공이고,
차의 가속에 저항하는
관성의 효과일 뿐이다.

운전할 때 사방으로 느끼는 힘은 모두 가공이고,
여러분의 관성이 가속에 저항하는 데 따른 결과이다.

공을 줄에 매달아서 머리 주위로 돌릴 때, 많은 사람이 '원심력'이 줄을 팽팽하게 만든다고 말한다.
하지만 실제로는 공을 바깥으로 당기는 힘은 없다. 공을 바깥으로 당기는 물체가 없단 말이다!

'원심력'은 가공이다!
공을 원의 중심 방향으로 당기는 줄의 장력―구심력이 있을 뿐이다.
이 힘은 0이 아니기 때문에 공은 틀림없이 가속될 것이다.

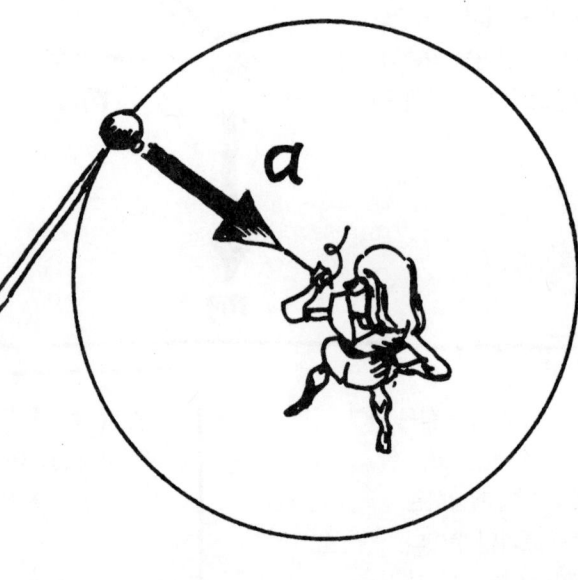

사실 그래! 공은 원의 중심을 향해 가속되고, 원운동을 하는 물체는 모두 마찬가지다. 그럼, 줄을 팽팽하게 만드는 건 뭘까? 바로 공의 **관성** 때문이다. 공의 관성은 공을 원의 접선방향으로 날아가게 하는데 줄이 계속 안쪽으로 잡아당기는 것이다. 지구가 원궤도에 있는 달을 잡아당기는 이치와 같다.

놀이공원에 가면 가공의 힘을 많이 볼 수 있다. 회전통을 보라! 회전통이 돌면 그 속에 있는 사람들은 벽으로 밀린다. 그리고 바닥이 밑으로 내려가도 사람들은 떨어지지 않고 벽에 그대로 붙어 있다!

회전통 속에 있는 사람들은 바깥으로 미는 가공의 **원심력**을 느낀다. 하지만 밖에 있는 구경꾼들은 타고 있는 사람들을 안으로 밀어서 원운동을 하게 만드는 **구심력**만 있다는 걸 안다.

이게 진짜라고 말하지 마!

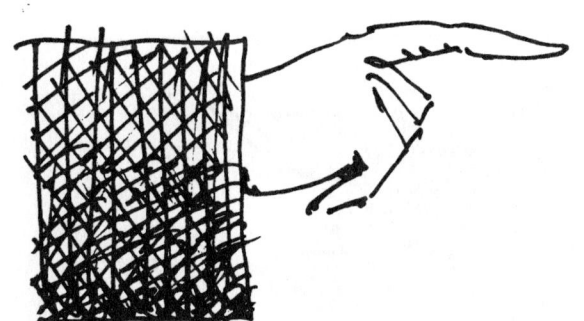

가속계(여기서는 회전통) 내에서는 가공의 힘이 나타난다. 밖에 있는 관찰자는 실제 힘과 뉴턴의 법칙으로 그 운동을 기술할 수 있다.

힘은 종류가 아주 많아서 체계화하는 건 불가능해 보인다.
하지만 물리학자들은 우주에서 일어나는 모든 현상이 아래의

네 가지 기본 힘의 결과라고 밝혔다.

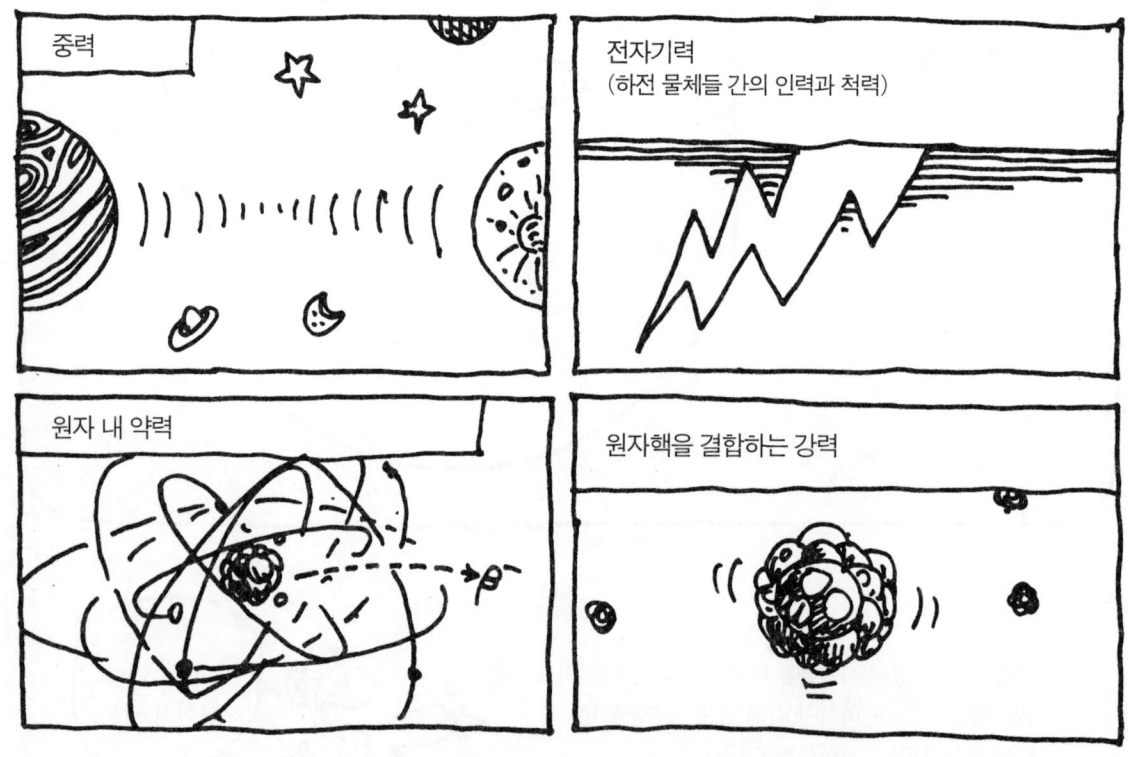

어쨌든 기본 힘들 중 여러분은 전자기력을 느껴봤을 것이다!! 여러분이 벽을 밀 때(벽은 여러분을 되민다),
여러분은 원자들 간의 전기적 척력을 느끼는 것이다. 중력은 느낄 수가 없다.
중력에 맞서서 여러분을 지탱하는 바닥의 전기적 힘만 느낄 뿐이다.

'원심력'은 물체의 질량과 상관없는 가속도를 낸다는 점에서 중력과 닮았다. 그래서 우주비행사들이 훈련받을 때 거대한 원심분리기를 이용해서 중력을 만들어낸다.

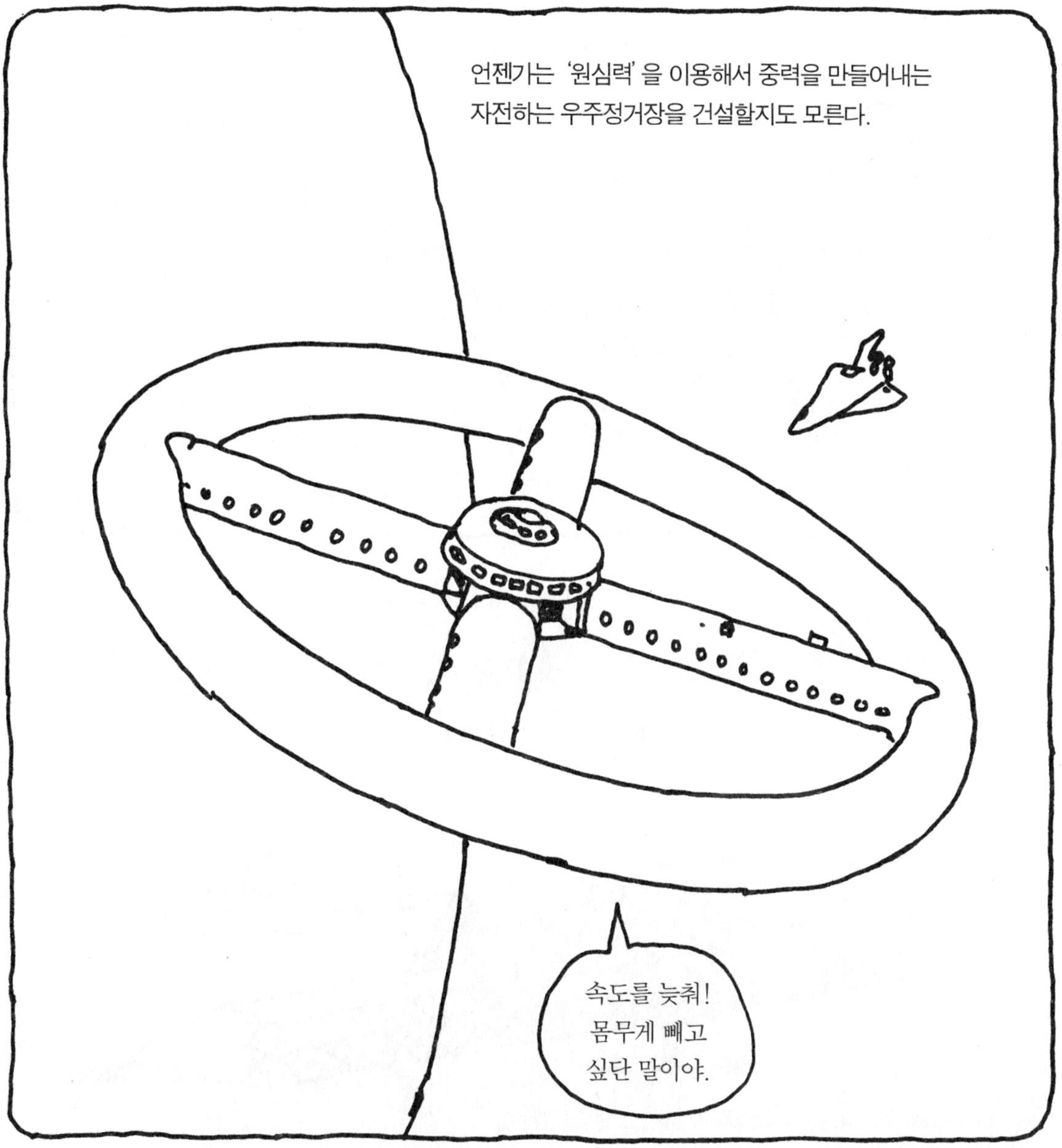

언젠가는 '원심력'을 이용해서 중력을 만들어내는 자전하는 우주정거장을 건설할지도 모른다.

속도를 늦춰! 몸무게 빼고 싶단 말이야.

CHAPTER 8
운동량과 충격량

뉴턴의 제2법칙 F= ma 로 돌아가 보자. 가속도는 시간에 따른 속도의 변화율이므로 이 식은 옆의 식처럼 나타낼 수 있다.

힘 = 질량 × (속도의 변화율)

그런데 뉴턴은 다음의 식이 맞는다고 믿었다.

힘 = (질량 × 속도)의 변화율

위의 두 식은 질량이 변하지 않을 때만 서로 같다!

질량×속도는 운동량이라고 한다. 위의 식은 힘이 **운동량**의 변화율이라는 뜻이다.

유모차처럼 질량이 작고 속도가 빠르지 않은 물체는 운동량도 크지 않다. 운동량을 0으로 변화(즉, 정지)시키는 데 큰 힘이 들지 않는다.

그런데 큰 트럭의 경우에는

잠시 트럭을 세우는 데 걸리는 시간을 생각해보자.
식은 다음과 같다.

$$힘 = 운동량의\ 변화율$$

또는

$$힘 = \frac{운동량의\ 변화량}{시간}$$

또는

$$힘 \times 시간 = 운동량의\ 변화량$$

만일 여러분이 아주 오랫동안 달리는 트럭을 막은 뒤 밀면, 미약한 힘이지만 트럭을 세울 수 있다.

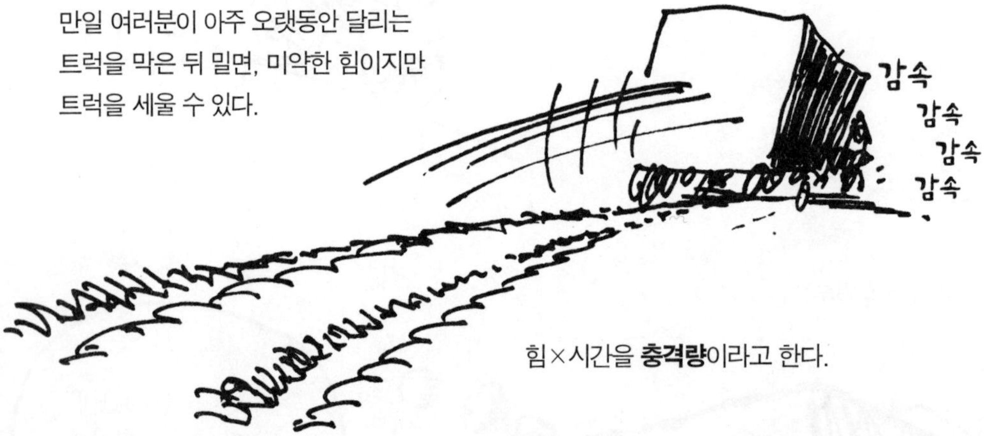

힘×시간을 **충격량**이라고 한다.

그래서 **충격량 = 운동량의 변화량**이다.
긴 시간 동안 작은 힘을 쓰는 것은 큰 힘을 짧은 시간 동안 쓸 때와 운동량의 변화량이 같다.

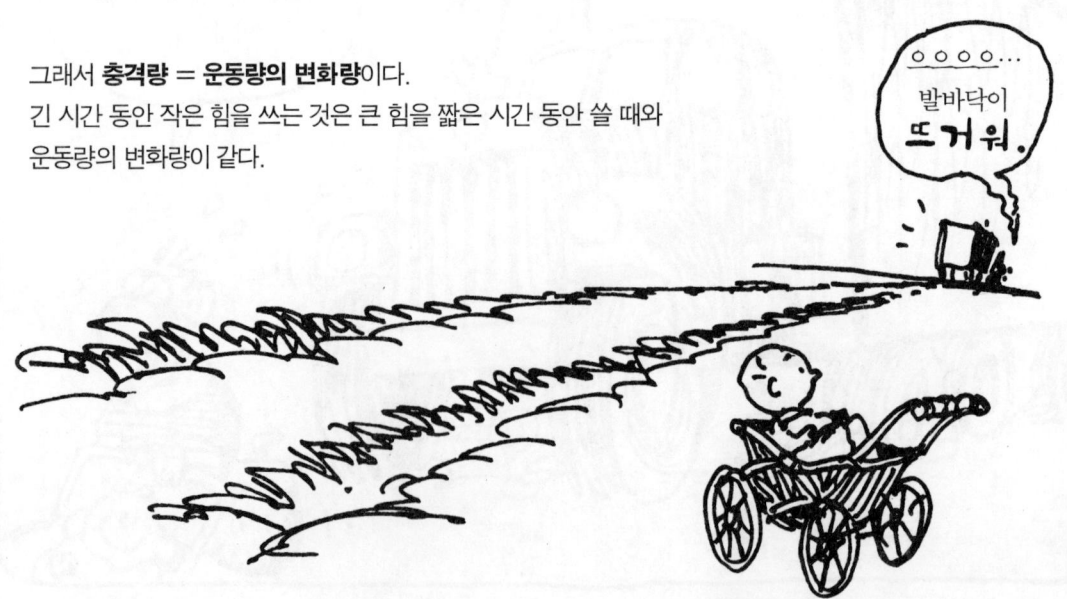

야구방망이로 공을 칠 때처럼, 충격량은 보통 짧은 시간에 큰 힘이 작용하는 것을 말한다.

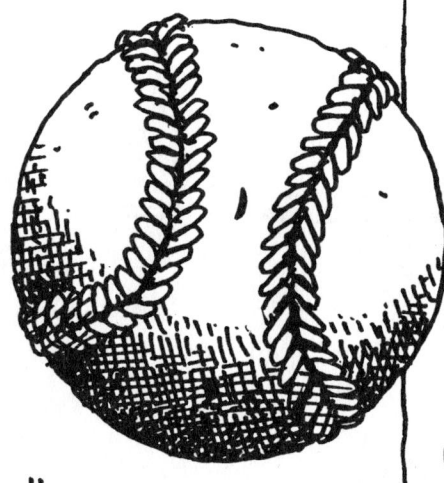

타자는 공의 운동량을 반대방향으로, 되도록 크게 바꾸어야 한다. 그러려면 야구방망이가 공과 접촉하는 시간은 1초도 안 되기 때문에 힘이 아주 커야 한다.

때로 운동량을 바꾸는 데 필요한 힘을 작게 만들고 싶을 때가 있다. 스카이다이버는 낙하산을 펴도 착지할 때 상당한 운동량을 갖는다.

무릎을 쫙 펴고 착지하면, 그녀의 운동량이 순간적으로 0이 되면서 다리에 큰 충격을 느낄 거야! 저런!

무릎을 구부리는 게 훨씬 낫다. 그러면 착지하는 시간이 늘어나서 충격을 줄일 수 있다.

운동량의 보존

잠시 충돌과 폭발을 살펴보자. 이는
물체가 모이거나 흩어지는 현상이다.

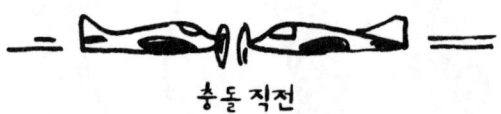

예를 들어 총 쏘는 경우를 생각해보자. 이건 일종의 폭발이다. 총알은 앞으로 나가고 총은 뒤로
튕겨나간다. 문제를 단순화해 총알이 스프링에 의해 튀어나간다고 생각해보자.

스프링이 압축되었다가 풀리면, 총알에 힘이 작용한다. 뉴턴의 제3법칙에 근거해 총알은 같은 크기에
반대방향의 힘을 스프링과 총에 작용하게 된다. 이 힘은 운동량을 변화시켜 크기는 같고 서로 반대가
된다. 총은 총알보다 무거우니까, 총알보다는 작은 속도로 뒤쪽으로 튄다.

이 경우 전체적인 운동량의 변화는 없다.
처음에 총과 총알이 정지 상태였다면,
그때의 운동량은 0이다.
총알이 발사된 이후에도
총과 총알의 운동량의 변화는
크기가 같고 서로 반대이므로,
전체의 운동량 역시 0이다.

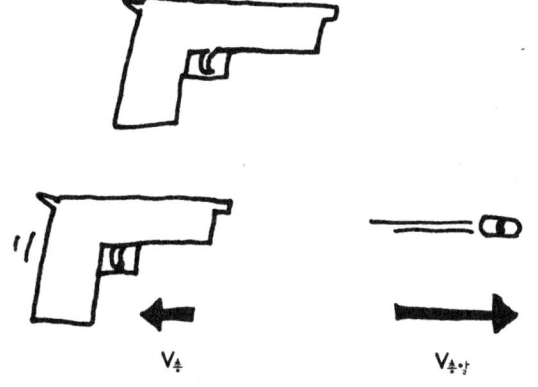

전체 운동량은 발사 전과 후에 같다.

과학자들은 열띤 토론을 벌인 끝에
"운동량은 변하지 않는다"는 말에 대한
과학적 표현을 찾아냈다.

운동량은 보존된다.

운동량 보존은 뉴턴의 제3법칙의 결과다. 폭발해서 여러 조각으로 부서지는 비행물체, 말하자면 다탄두 미사일을 생각해보자.

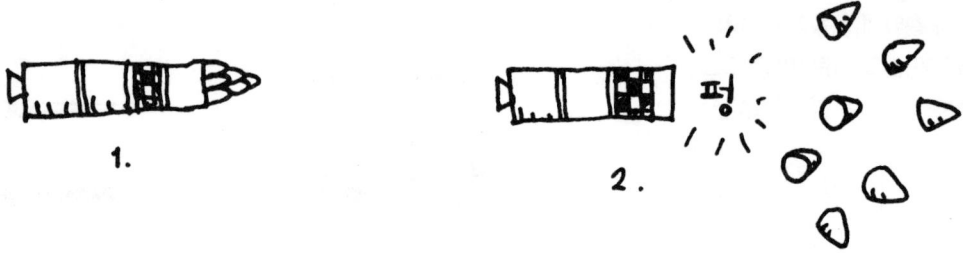

조각들 사이에 작용하는 힘을 내력이라고 한다(물론 중력과 같은 외력도 작용한다). 뉴턴의 제3법칙은 내력이 크기가 같고 반대방향인 쌍으로 작용하게 만든다. 어떤 조각에 작용하는 힘은 다른 조각에 작용하는 같은 크기에 반대방향인 힘과 상쇄된다.

이 힘들은 평형을 이룬다.
즉, 합이 0이다.

그래서 내력은 전체 운동량의 변화가 없다. 폭발의 경우, 운동량은 보존된다.

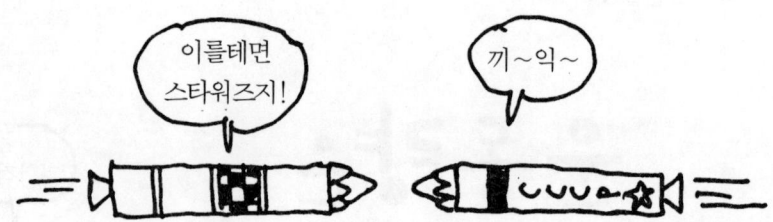

폭발의 반대라고 할 수 있는 충돌도 똑같은 이야기가 성립된다.

뉴턴의 제3법칙을 설명할 때, 로켓을 예로 들었는데 운동량 보존도 마찬가지다. 우주공간에서 속도를 높이려면 반대방향으로 배기가스를 분출해야 한다. 우주 유영을 하고 있는데 추진 장치가 고장 났다면 어떻게 귀환할 수 있을까? 그럴 땐 가지고 있는 장비를 반대방향으로 던지면 된다.

송풍기로 돛에 바람을 보내면 돛단배가 움직일까? 아니다! (바람의 일부가 돛을 비껴가거나 다른 방향으로 바람을 배 밖으로 내보내지 않는 한 움직이지 않는다.)

돛단배가 어느 한 방향으로 나아가려면, 배 안에 있던 물건들을 그 반대방향으로 내던져야 한다.

송풍기를 던져버려!

운동량 보존의 법칙은 뉴턴의 제3법칙에서 이끌어냈지만, 우린 이제 운동량 보존이 보다 근본적인 개념이고 뉴턴의 법칙은 그 결과라고 믿게 됐다. 정의에 따라 밀폐계에서는 외력이 전혀 없다. 그래서 운동량이 보존된다.

운동량 보존은 우주 전체에도 성립된다.
우주도 분명히 외력이 없다!!
그러므로

우주 전체의 운동량은 보존된다.

· CHAPTER 9 ·
에너지

아이작 뉴턴은 거의 혼자 힘으로 역학을 발전시켰다. 하지만 그가 놓친 개념이 하나 있는데 바로 **에너지다**.

에너지는 여러 형태로 나타난다.
하지만 근본적으로
일로 정의된다.

모두 일이 무엇인지 나름대로 생각하겠지만, 물리학에서는 다음과 같이 정의한다.
즉, 어떤 물체를 힘 **F**로 거리 **d**만큼 움직이면 일을 했다고 하고,
이때 일은 힘과 거리의 곱으로 정의한다.

$$W = F \times d$$

이 정의에 따르면, 운동방향에 있는
힘만 중요하다. 만약 수레를 위쪽으로
비스듬히 끌면, 끄는 힘의
수평성분만이 일을 한다.

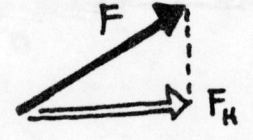

거리 **d** 내에서 한 일은
$F_H \cdot d$ 이다.

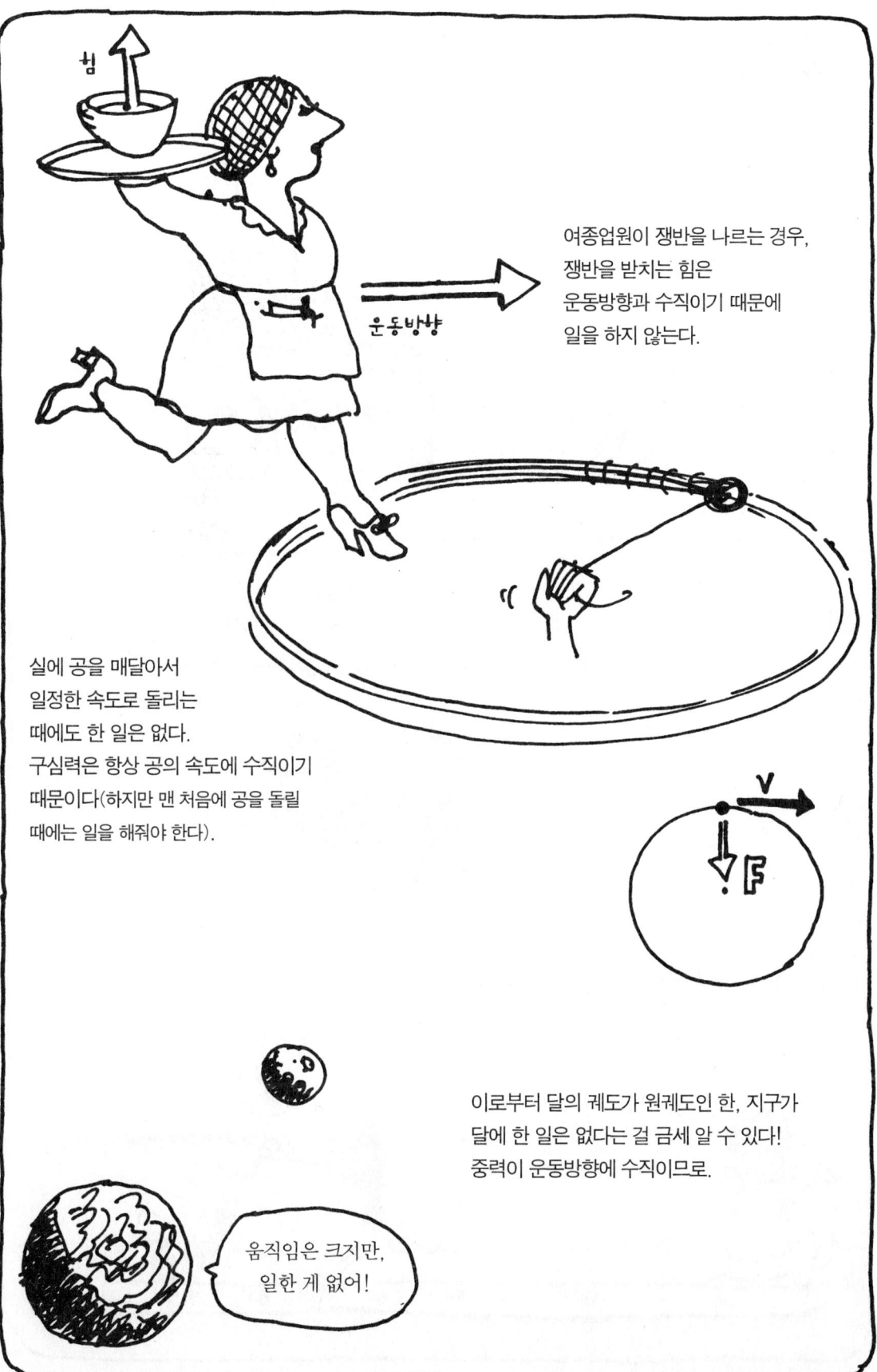

에너지

는 일할 수 있는 능력을 말한다. 에너지를 방출하면 일을 하게 되고, 어떤 물체에 일을 하면 그 물체의 에너지가 증가한다. 그래서 에너지와 일은 실제로 같은 개념이다.

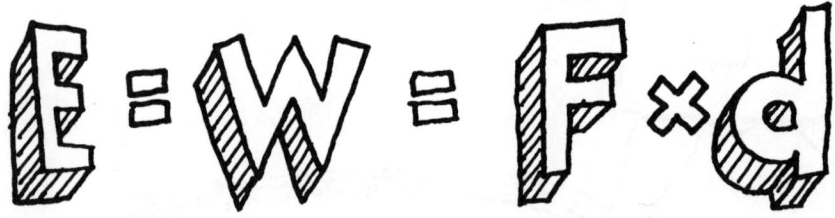

영국식 단위체계로는 에너지의 단위가 **피트·파운드**(피트×파운드)이고, 미터법으로는 **뉴턴·미터**인데 **줄**이라고 한다.

넌 줄에 대해 얘기해. 난 발(피트)을 두드릴(파운드) 테니까.

1줄은 1뉴턴의 힘으로 1미터를 움직이는 능력이다.

운동 및 위치에너지

공을 던진다고 생각해보자. 힘 **F**로 거리 **d**만큼 공을 날아가도록 하면 공은 에너지를 얻는다. 이것이 **운동에너지**(K.E.)다. 그리고 수식을 통해 KE=1/2mv²임을 간단히 끌어낼 수 있다.*
여기서 **m**은 공의 질량이고, **v**는 공의 속도다.

$$K.E. = \tfrac{1}{2}mv^2$$

이번에는 링고를 높이 **h**까지 들어 올린다고 생각해보자.
링고의 몸무게와 같은
힘 **W**를 거리 **h**만큼 냈기 때문에,

$$W \cdot h = mgh$$

의 일을 한 셈이다. 링고가 움직이지는 않지만, 지구의 중력장 내에 있기 때문에, 링고는 mgh의 에너지를 추가로 갖는다. 이 에너지를 **위치에너지**(P.E.)라고 한다.

$$P.E. = mgh$$

* F=ma이므로 KE=F·d=ma·d, d=1/2at²이니까 KE=1/2m(at)². V=at이니까 KE=1/2mv²

위치에너지는 '실제' 운동에너지로 환원될 수 있는 잠재적 에너지다. 그러려면 링고가 떨어지도록 손을 떼기만 하면 된다.

오! 이런!

링고가 떨어질수록 그가 갖고 있던 위치에너지는 점점 운동에너지로 바뀐다. 바닥에 부딪히는 순간 그의 위치에너지는 0이 되고, 원래의 위치에너지 전부가 운동에너지로 바뀐다. 즉,

$$\frac{1}{2}mv^2 = mgh$$

이 식을 V에 대해 풀면, 충돌 순간의 링고의 속도를 구할 수 있다.

$$v = \sqrt{2gh}$$

루시가 사디스트 성향이란 거 알아?

앞의 식 $\frac{1}{2}mv^2 = mgh$ 는

에너지보존법칙

의 하나의 보기이다. 에너지의 개념이 발전되면서, 물리학자들은 에너지도 운동량처럼 보존된다는 걸 깨달았다.

보편적인 법칙이죠!

(혼란스러운 것은 운동량과는 달리 에너지는 열을 비롯해 여러 가지 형태로 나타난다는 사실이었다.)

에너지보존법칙이 적용되는 예를 들어보자. 롤러코스트의 처음 속도가 v_0라면, 어느 지점이든 내려온 거리를 이용해서 속력을 구할 수 있다! 즉, 내려온 거리를 h라 하고 그때의 속도를 v_F라고 하면,

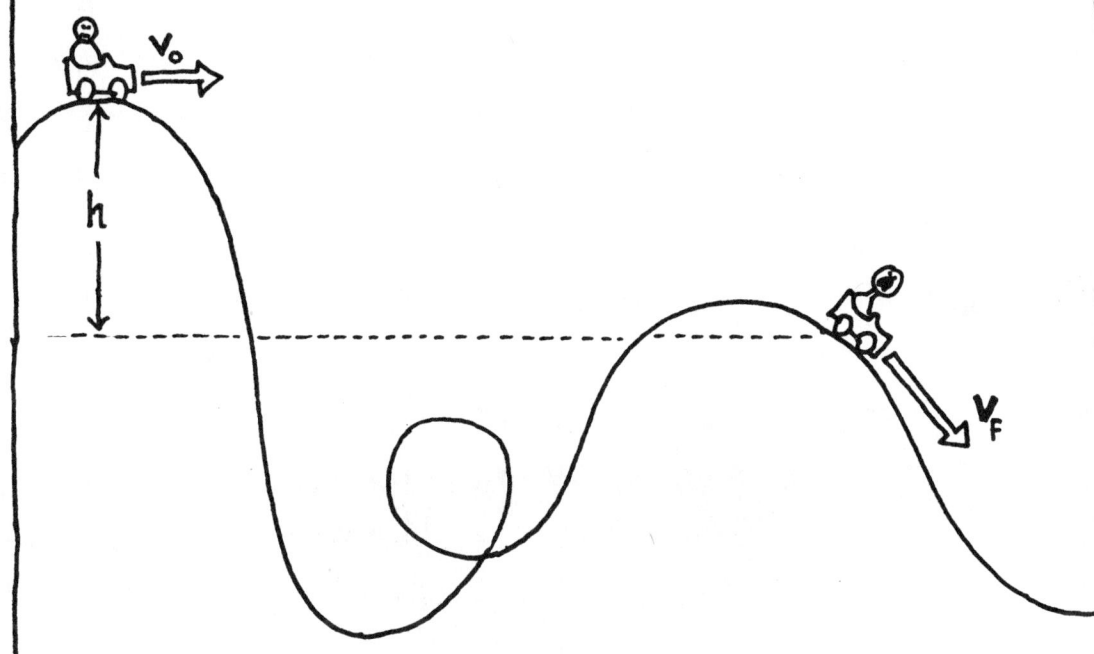

처음 에너지 $= \frac{1}{2}mv_0^2 + mgh$

나중 에너지 $= \frac{1}{2}mv_F^2$

에너지보존법칙에 따라 이 둘은 서로 같다.

$$\frac{1}{2}mv_F^2 = \frac{1}{2}mv_0^2 + mgh,$$

$$v_F = \sqrt{v_0^2 + 2gh}$$

에너지보존법칙은 어떤 물리계의 총에너지는 변하지 않는다는 걸 말해준다. 물론 에너지의 형태는 변할 수 있다. 링고가 바닥에 충돌했을 때, 그가 갖고 있던 에너지는 어떻게 됐을까? 운동에너지와 위치에너지 둘 다 사라져버렸으니…

에너지가 어디로 갔을까?

충돌 자체를 잘 살펴보자. 에너지의 일부는 소리로 바뀌었고, 일부는 마룻바닥을 뒤틀리게 하고, 링고도 다쳤다. 그리고 또 일부는 열로 변했다. 링고와 마루 둘 다 충돌 후에 온도가 약간 올랐을 것이다. 충돌 때문에 그 둘의 분자들이 흔들렸으니 열은 다름 아닌 수십억 개의 분자들의 운동에너지다!

에너지는 여러 형태로 끊임없이 변한다.
열역학을 배우면 운동에너지를 열로 바꾸기는
쉽지만, 열을 운동에너지로 바꾸기는
훨씬 어렵다는 걸 알게 될 것이다.

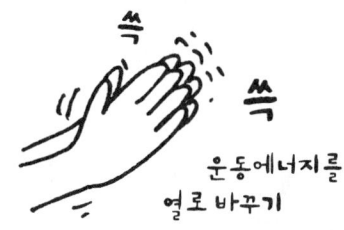

운동에너지를 열로 바꾸기

열을 운동에너지로 바꾸는 장치

자동차 엔진은 열을 운동에너지로 바꾼다. 하지만 효율이 좋지 않다. 자동차는 냉각장치가 필요하고, 많은 열이 빠져나가지만 에너지는 항상 보존된다. 다시 말하면,

결과적으로 열 오염이야!

들어간 열 = 한 일 + 빠져나간 열

쳇! 뜨거운 레몬수군!

내가 링고를 들어 올릴 때, 난 링고에게 에너지를 주게 된다. 그 에너지는 어디에서 왔을까?

그건 근육 에너지로, 몸속에서 음식물이 산화되어 생긴 화학에너지에서 방출된 것이다.

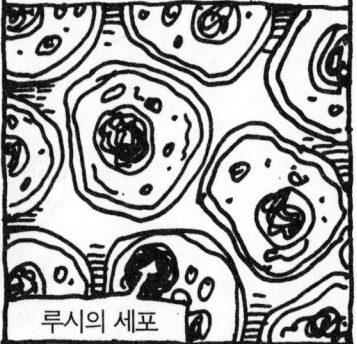

루시의 세포

화학에너지는 분자들의 전기장 내에 있는 전자의 위치 때문에 생기는 일종의 위치에너지이다.

화학에너지는 내가 먹은 식물에서 왔어 (난 채식주의자야).

식물은 광합성을 통해 햇빛의 에너지를 화학에너지로 바꾼다.

햇빛은 태양 내부의 핵융합에서 나온다.

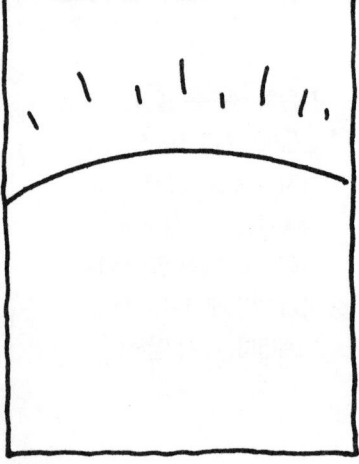

그리고 태양의 수소핵은 우주를 탄생시킨 **빅뱅**의 에너지에서 만들어졌다.

만화가가 펜을 움직이는 에너지조차도 이런 식으로 빅뱅까지 거슬러 올라간다!!

충돌은 운동량과 에너지의 보존을 보여주는 좋은 예다. 먼저 지면과 충돌하는 물체를 살펴보자. 여러 가지 물질로 만들어진 공들을 떨어뜨려서, 튀어 오르는 높이를 측정한다고 하자. 알다시피 그 높이는 서로 다르다.

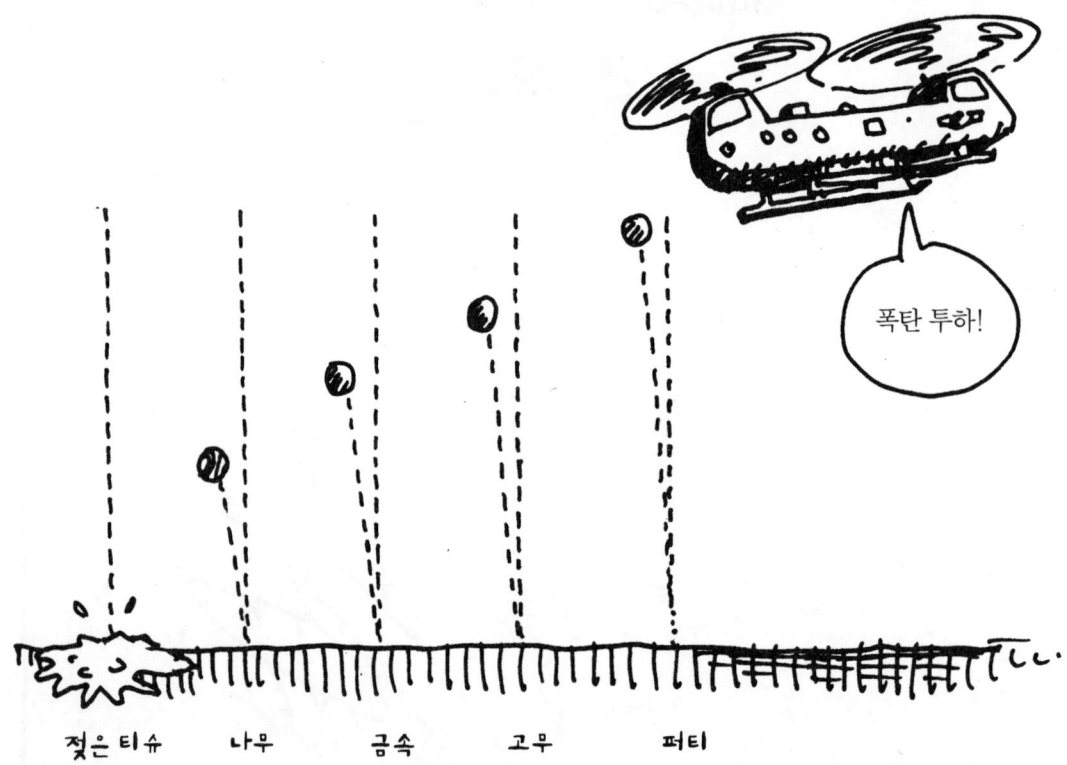

젖은 티슈   나무   금속   고무   퍼티

공이 처음 높이까지 튀어오르는 것을

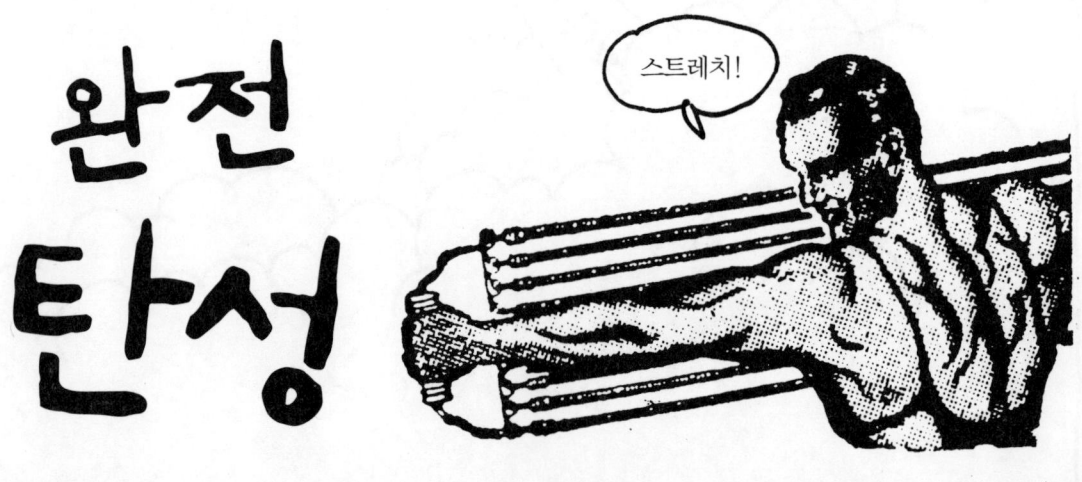

완전 탄성

이라고 한다.

충돌은 완전탄성에서
완전비탄성까지 있다.
젖은 티슈처럼 완전비탄성
충돌일 때에는 전혀
튀어오르지 않는다.

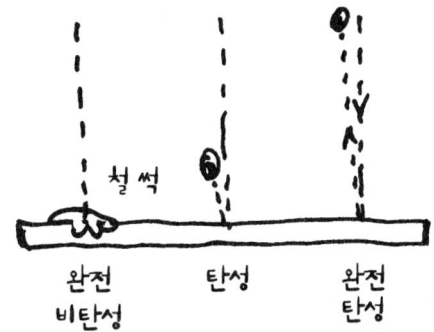

완전탄성 충돌에서는 충돌할 때 운동에너지가 열로 소실되지 않는다. 충돌 직후의 튀어오르는 속력은
충돌 직전의 낙하속력과 똑같다. 비탄성 충돌에서는 물체의 운동에너지의 일부 또는 전부가 상실된다.

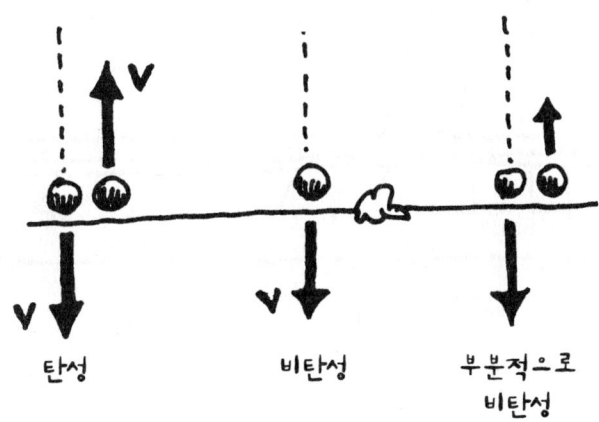

여러분은 실제로 완전탄성인 물체는
없다고 생각하겠지만, 원자들 사이의
충돌은 완전탄성일 수 있다.
열은 마구 날아다니는 많은 원자들의
운동에너지가 합해진 것이라서 한 개
또는 두 개 정도의 원자 수준에서는
열이 존재하지 않는다!

완전비탄성 충돌의 예를 들어보자. 질량이 10만kg인 화차가 3m/sec로 정지한 질량 5만kg의 화차에게 다가간다. 충돌 순간에 연결 장치가 작동한다고 하자. (이 장치가 충돌을 비탄성으로 만든다.) 자, 어떻게 될까?

우린 서로 연결된 화차의 속도를 알고자 한다.
그 속도를 V라 하자. 그러면

$$\text{처음 운동량} = 100{,}000\,\text{KG} \times 3\,\text{M/SEC}$$
$$\text{나중 운동량} = 150{,}000\,\text{KG} \times V$$

운동량은 보존되므로 이 두 식은 같다.

$$150{,}000\,\text{KG} \cdot V = 300{,}000\,\text{M} \cdot \text{KG/SEC}$$

그래서

$$V = 2\,\text{M/SEC}$$

오, 난 쭉 운동량을 연구해왔걸랑.

2차원 문제의 예를 하나 들어보자. 80kg의 풋볼선수가 3m/sec로 북쪽으로 달리고 있는데, 2m/sec로 동쪽으로 달리는 100kg의 선수에게 태클을 당했다. 충돌 후 두 선수는 어느 방향으로 얼마의 속도를 낼까?

내가 탄성체면 얼마나 좋을까…

이것을 그림으로 그리면

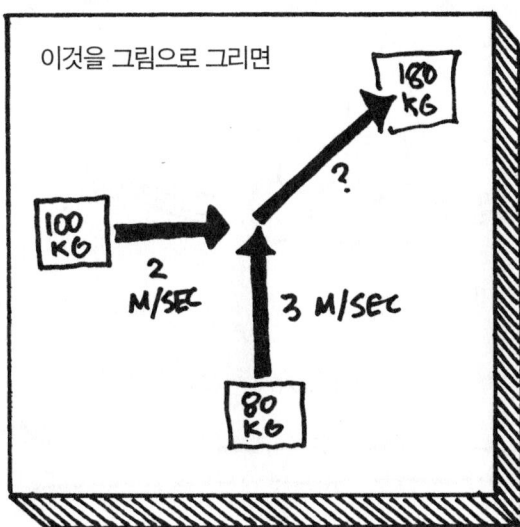

동쪽 방향의 운동량 $= 200 \dfrac{M \cdot KG}{SEC}$

북쪽 방향의 운동량 $= 240 \dfrac{M \cdot KG}{SEC}$

총질량 $= 180\ kg$

최종 동쪽 방향 속도 $= \dfrac{200}{180} = 1.1\ M/SEC$

최종 북쪽 방향 속도 $= \dfrac{240}{180} = 1.33\ M/SEC$

최종 방향은 벡터의 합이다.

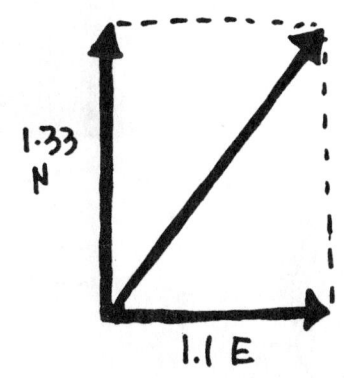

이 화살의 길이는 최종 속력이다.

$$V_F = \sqrt{(1.1)^2 + (1.33)^2}$$

$$= 1.7\ M/SEC$$

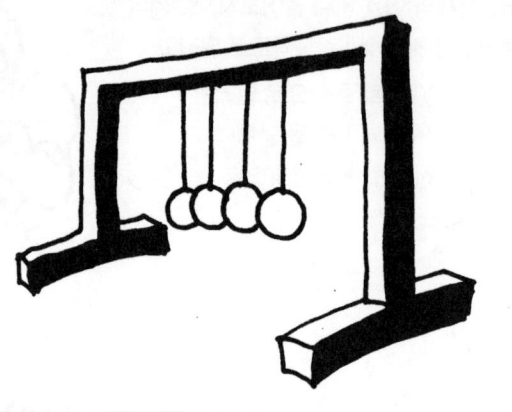

공을 매단 옆의 '중역용 장난감'도 탄성충돌임을 보여준다.

중역들이 하지 않으려는 게 뭘까?

공 하나를 들었다가 놓으면

… 공 하나가 나른다!

딱

운동에너지는 보존된다. 그래서 탄성충돌이다.

왜 두 개의 공이 같은 속력으로 날아가지 않을까?
이 경우 $mv = 1/2 mv + 1/2 mv$로 운동량은 보존된다.
하지만 운동에너지는 보존되지 않는다.
처음 떨어뜨린 공은 K.E. $= 1/2 mv^2$이고,
똑같이 절반씩의 속력을 가진 두 개의 공은 아래와 같다.

탄성충돌은 운동량과 운동에너지가 모두 보존되거든요.

중역들도 동의해!

$$K.E. = \tfrac{1}{2}m(\tfrac{1}{2}v)^2 + \tfrac{1}{2}m(\tfrac{1}{2}v)^2$$
$$= \tfrac{1}{4}mv^2$$
$$\neq \tfrac{1}{2}mv^2$$

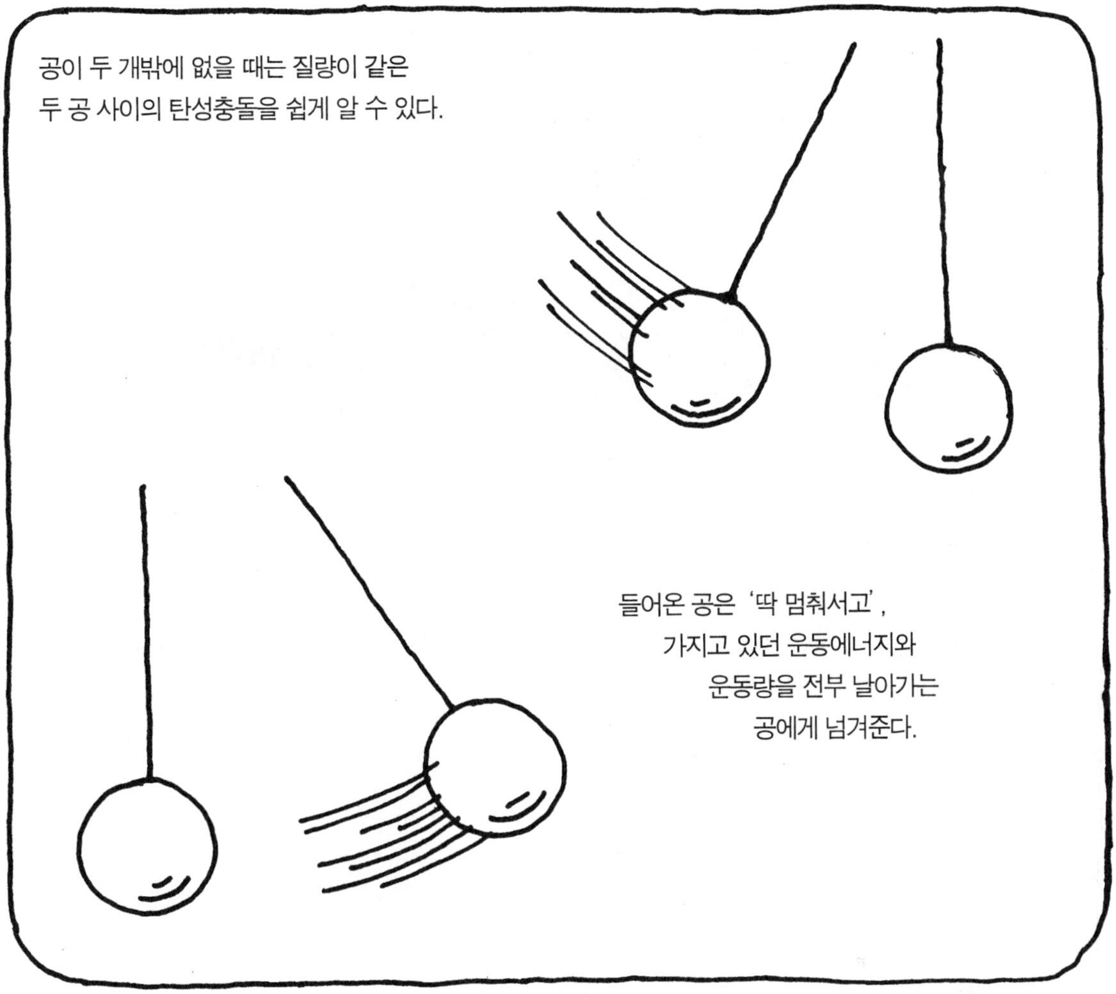

공이 두 개밖에 없을 때는 질량이 같은
두 공 사이의 탄성충돌을 쉽게 알 수 있다.

들어온 공은 '딱 멈춰서고',
가지고 있던 운동에너지와
운동량을 전부 날아가는
공에게 넘겨준다.

당구공의 정면충돌에서도
거의 같은 현상을 볼 수 있다.
다만 당구공은 운동에너지의
일부가 공의 **회전**으로 나타난다.
자, 다음 장에서는 이 부분을
살펴보자.

우주에서
이 놀이를 할 수
있다면…

CHAPTER 11

회전

우린 모두 '운명의 여신의 물레'처럼 거대한 물체가 **회전 관성**을 갖고 있다는 걸 안다. 그것은 처음 돌릴 때 어려울 뿐 일단 돌리고 나면, 마찰 때문에 정지할 때까지 오랫동안 돌아간다. 보통의 관성이 가속을 방해하듯이, 회전관성도 회전 가속을 방해한다.

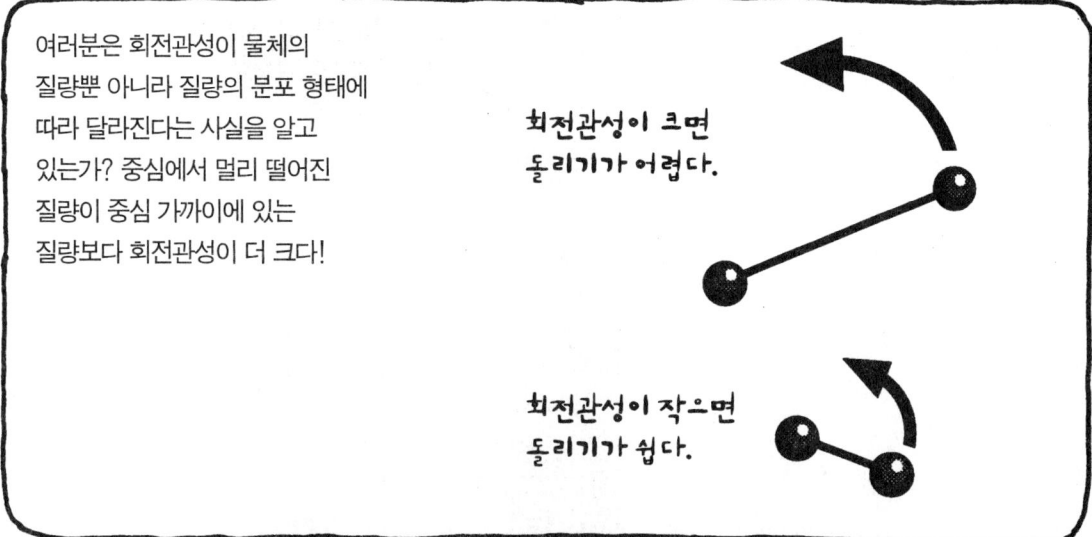

여러분은 회전관성이 물체의 질량뿐 아니라 질량의 분포 형태에 따라 달라진다는 사실을 알고 있는가? 중심에서 멀리 떨어진 질량이 중심 가까이에 있는 질량보다 회전관성이 더 크다!

회전관성이 크면 돌리기가 어렵다.

회전관성이 작으면 돌리기가 쉽다.

테두리만 있는 바퀴와 중심에 질량이 모여 있는 바퀴를 비탈길에 굴린다고 하자. 중심에 질량이 모여 있는 바퀴가 더 쉽게 회전하기 때문에 금세 선두에 나설 것이다.

회전관성은 질량과 유사한 개념이야.

회전관성이 질량과 유사하다면, 회전운동에서 힘의 유사개념은 무엇일까? 거대한 문을 열어야 할 때, 링고는 돌쩌귀에서 가장 먼 부분에서 문과 수직이 되도록 밀 것이다.

위에서 본 그림

돌쩌귀

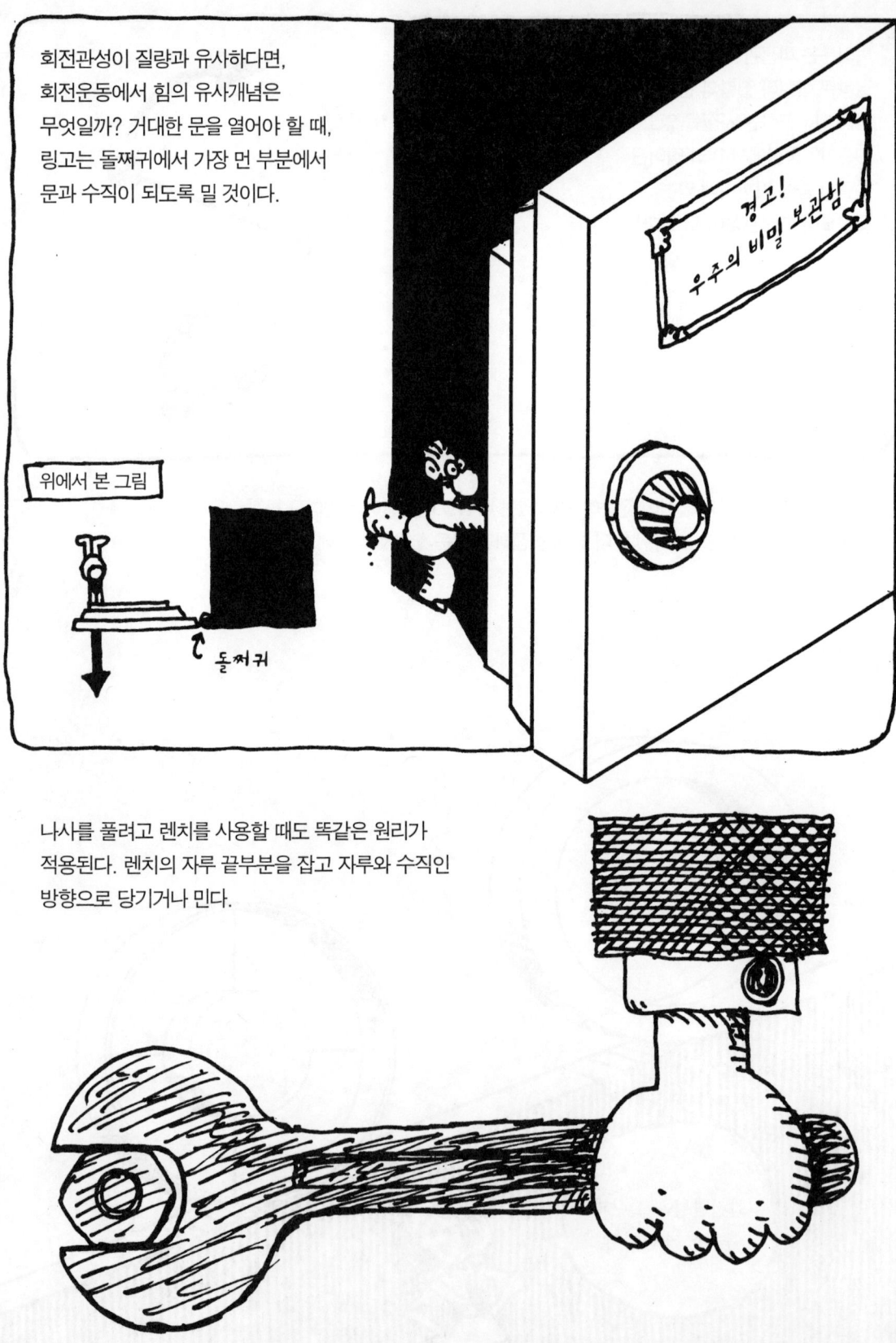

나사를 풀려고 렌치를 사용할 때도 똑같은 원리가 적용된다. 렌치의 자루 끝부분을 잡고 자루와 수직인 방향으로 당기거나 민다.

r_L 는 중심점에서 힘의 방향에 내린 수선의 길이로서 지레팔이라고 한다.

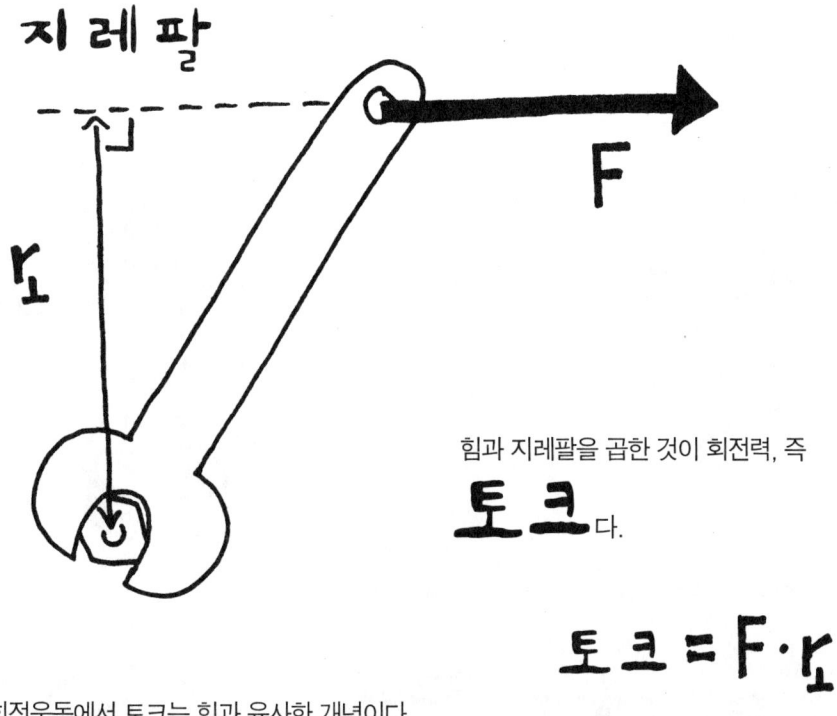

힘과 지레팔을 곱한 것이 회전력, 즉 **토크**다.

$$토크 = F \cdot r_L$$

회전운동에서 토크는 힘과 유사한 개념이다.

・・

F 를 반지름 방향에 수직으로 만들어야 r_L 가 최대가 된다. 다시 말하면, 수직방향으로 밀어야 가장 효과가 크다!

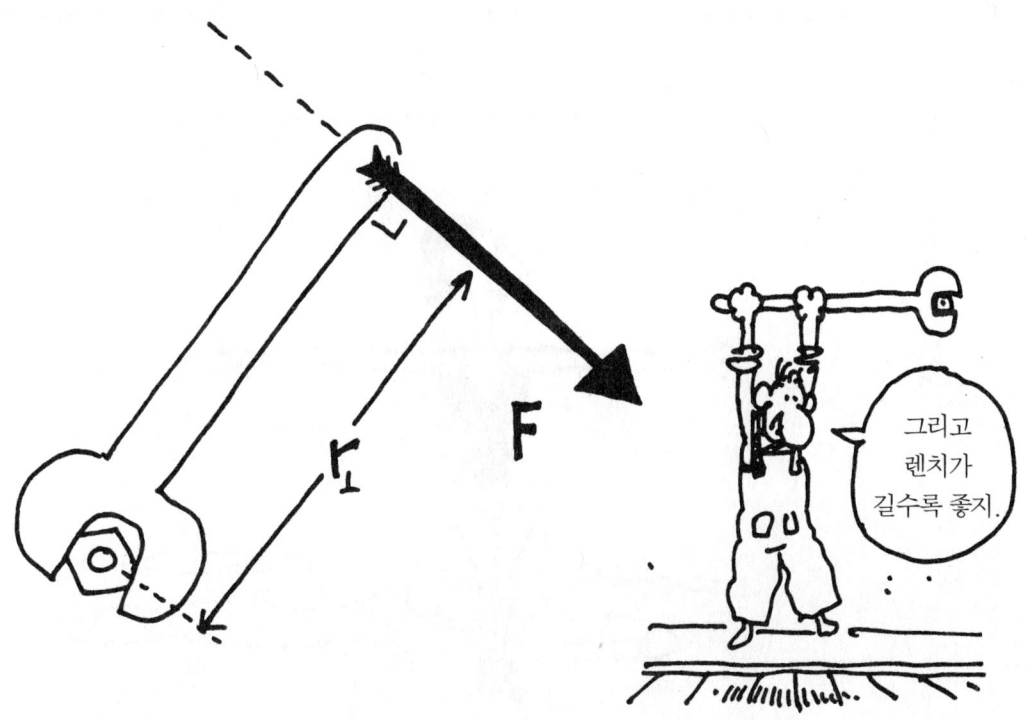

그리고 렌치가 길수록 좋지.

마지막으로 회전운동에서 운동량과 유사한 개념이

각운동량 이다.

운동량(질량과 속도의 곱)과 유사하게 각운동량은 아래와 같이 정의된다.

$$\text{회전관성} \times \text{각속도}$$

각속도는 바로 회전율이다. 초당 회전수(revolution)로 표현할 수도 있다.

질량과는 달리, 회전관성의 양은 회전 중에도 질량의 분포를 달리하면 변할 수 있다. 이 때문에 회전운동은 직선운동보다 훨씬 더 복잡하다. 몸을 회전하는 스케이트 선수를 예로 들어보자.

외력이 없으면 운동량이 보존된다는 걸 기억하고 있을 것이다.
마찬가지로 외부 **토크**가 없으면 **각운동량**도 보존된다.

스케이트 선수는 양팔을 옆으로 뻗은 채 돌기 시작한다.

그런데 팔을 안으로 모으면 회전관성이 줄어든다. 각운동량이 보존되니까 각속도가 커진다!

우와!

이 점에서, 스케이트 선수는 수축하는 별과 닮았다. 이 둘 모두 각운동량이 보존된다!

자전하는 별이 죽을 때는 자체 중력 때문에 수축하기 시작한다.

각운동량이 보존되니 별의 자전속도는 증가된다.

결국 별은 초고밀도의 작은 공모양이 되어 1초에 수회씩 자전을 하게 된다.

기억하려고 애써봐.

$$\frac{\text{큰 회전관성} \times \text{낮은 자전율}}{\text{작은 회전관성} \times \text{높은 자전율}}$$

가게에도 우리를 놀라게 하는
회전운동이 있다. 예를 들면, 자전거
바퀴축의 한쪽 끝을 매달면 바퀴는
당연히 옆으로 쓰러진다.

그러나 바퀴를 빠르게 회전시키면
상황이 달라진다! 회전하는 바퀴는
쓰러지지 않는다. 바퀴는 세차운동을
한다. 즉, 바퀴축이 수평방향으로
도는 것이다!

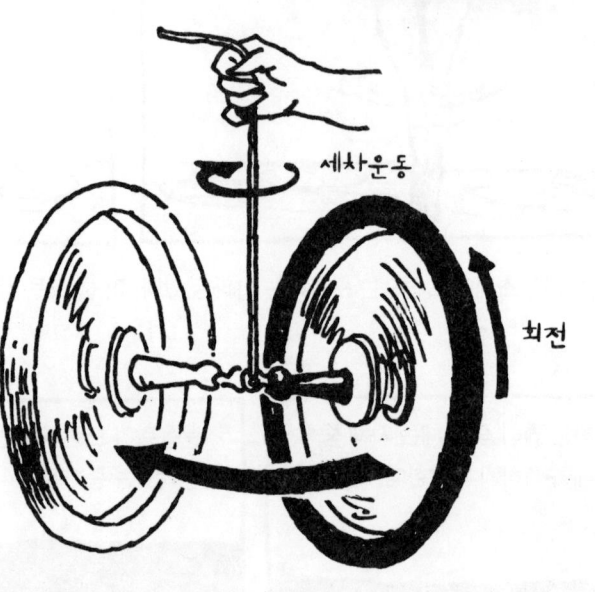

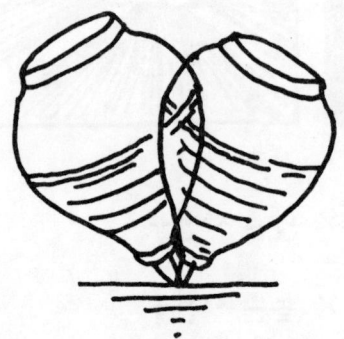

장난감 팽이는 눈에 익은
또 하나의 예이다.
중력이 팽이를 쓰러뜨리지 못한다.
팽이가 세차운동을 하기 때문이다.
지구도 달의 토크 때문에
자전축이 2만 6000년에
한 바퀴 꼴로 세차운동을 한다.

이제 우리의 역학 지식을 최종적으로 시험해보자.

그러니까, 우리가 세차운동을 이해하고 있는지 확인해보자는 말씀. 먼저 직선운동을 살펴보자. 정지해 있는 어떤 물체에 힘이 작용한다면 그 물체는 힘의 방향으로 가속되기 시작한다.

하지만 물체가 이미 운동 중에 있고, 힘이 항상 운동방향에 직각으로 작용한다면 **등속 원운동**이 된다. 힘은 속도의 방향을 둥글게 바꾸지만, 그 크기인 속력을 바꾸지는 않는다.

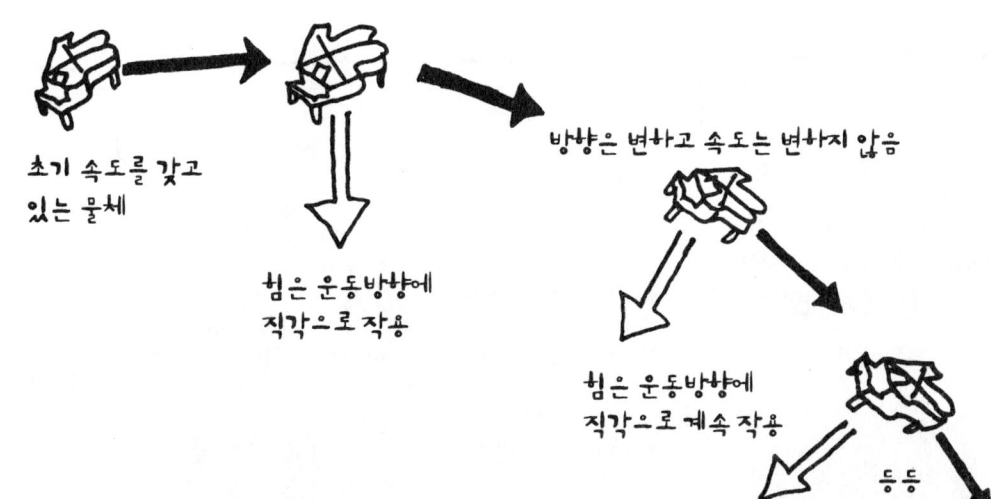

회전할 때도 비슷하다.
바퀴가 회전하지 않을 때는
무게 때문에 생기는
토크가 토크축(옆 그림의
Y축) 주위로 바퀴를
회전시킨다.

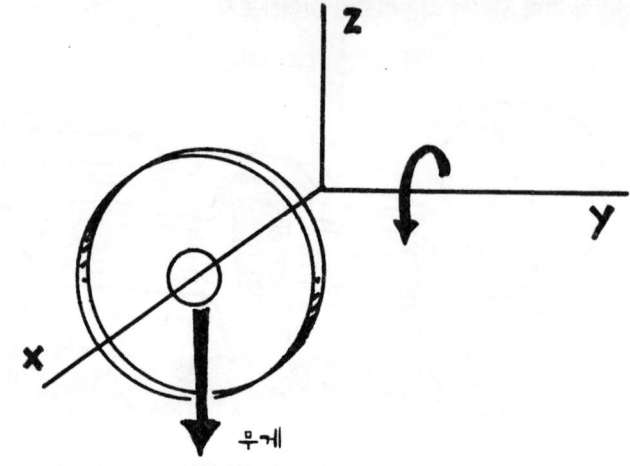

그러나 바퀴가 회전하고 있다면,
바퀴는 이미 X축을 중심으로 하는
각운동량을 가지고 있다.
토크는 Y축, 즉 원래의 회전에
직각이 되는 방향으로 바퀴를
추가로 회전시킨다. 결과적으로
회전축이 X·Y 평면에서
약간 돌게 된다.

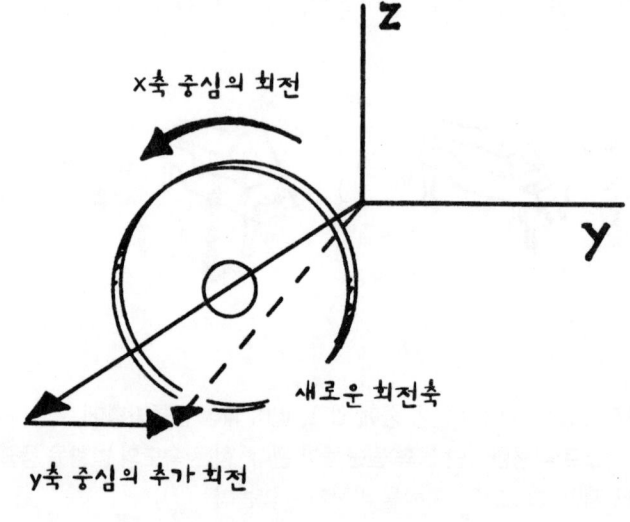

토크는 회전축에 직각으로 계속
작용하므로, 세차운동도 계속된다.
직선운동과 비슷하게 회전 방향은
바뀌지만 크기는 변하지 않는다.

휘저어놓은
흙탕물처럼
뭐가 뭔지…

우리는 토크와 각운동량의 개념을 가지고 얘기해왔지만, 사실 이 개념들도 궁극적으로는 뉴턴의 제2법칙, $F = ma$에 근거한다. $F = ma$를 가지고 세차운동을 이해해보자.

잘 봐!

먼저 바퀴가 쓰러지는 것은 중력으로 생긴 토크 때문이다. 바퀴의 윗부분에는 바깥쪽으로 힘이 작용하고, 아랫부분에는 안쪽으로 힘이 작용한다.

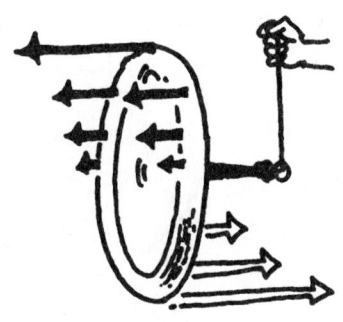

바퀴를 쓰러뜨리는 힘들

이제 회전하고 있는 바퀴의 작은 부분을 살펴보자. 이 부분이 위쪽을 지나갈 때는 바깥방향의 힘을 계속 받는다.

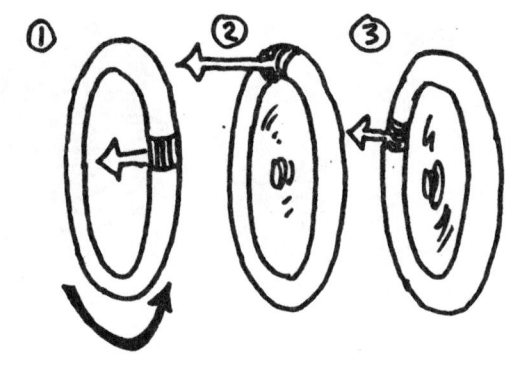

그래서 그 부분은 바깥쪽으로 속도를 높이고, 아래 그림처럼 그 부분이 측면, 즉 바퀴의 아래 부분으로 들어가기 직전인 지점에 이르렀을 때 그 속도가 최대가 된다.

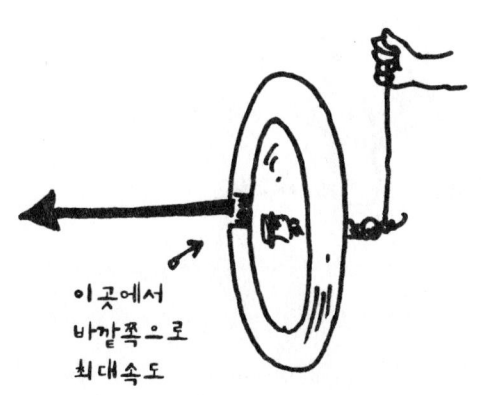

이곳에서 바깥쪽으로 최대속도

마찬가지로 바퀴의 각 부분은 그 반대 지점에서 안쪽 방향으로 최대속도를 갖는다.

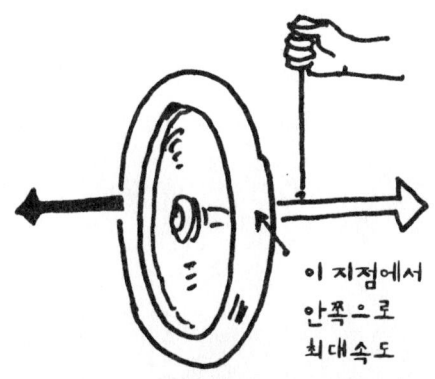

이 지점에서 안쪽으로 최대속도

여러분이 알고 있듯이 바퀴는 쓰러지지 않고 세차운동을 하는 것이다!

세차운동을 설명하는 데 아주 많은 시간을 보냈군. 간단한 식 $F = ma$ 만 가지고도 복잡한 현상을 어떻게 이해할 수 있는지 보여주고 싶었기 때문이야.
오, 놀라워라! 물리학! 누가 알아? 우주 전체의 물리학을 단 한 쪽의 방정식으로 줄일 수 있을지!!

·PART TWO·
전기와 자기

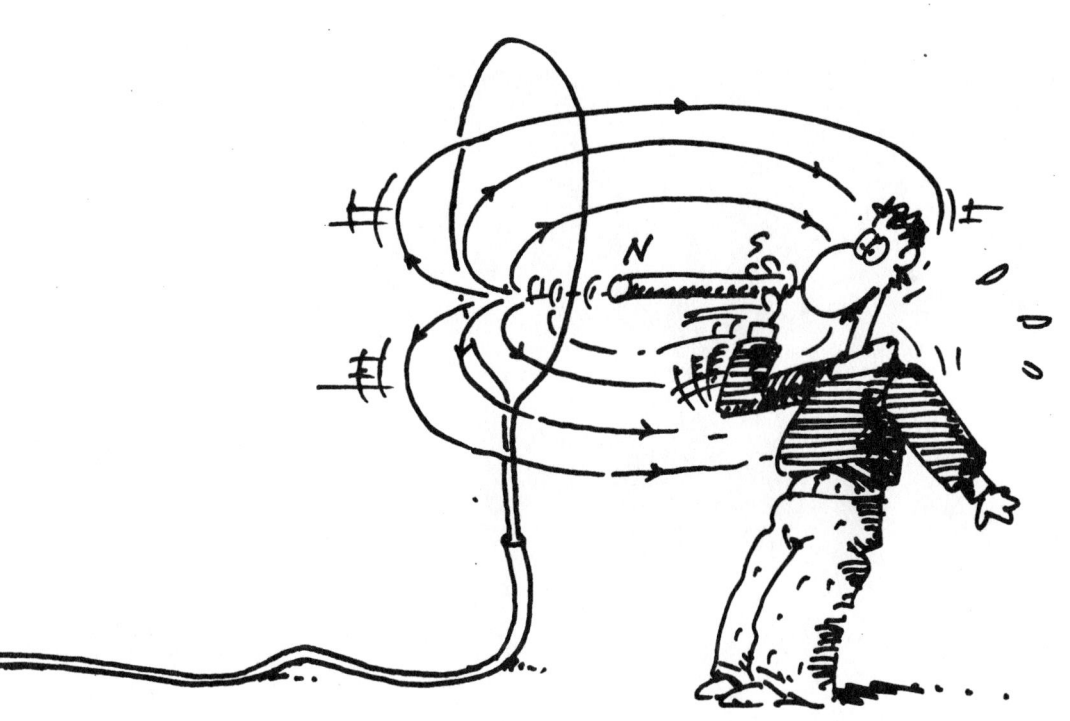

CHAPTER 12
전하

자, 이제 역학에서 전기와 자기로 눈을 돌려볼까? 역학에서는 질량이라는 물질의 기본 성질을 사용했다. 전기에서는 기본 개념이 **전하(charge)**다.

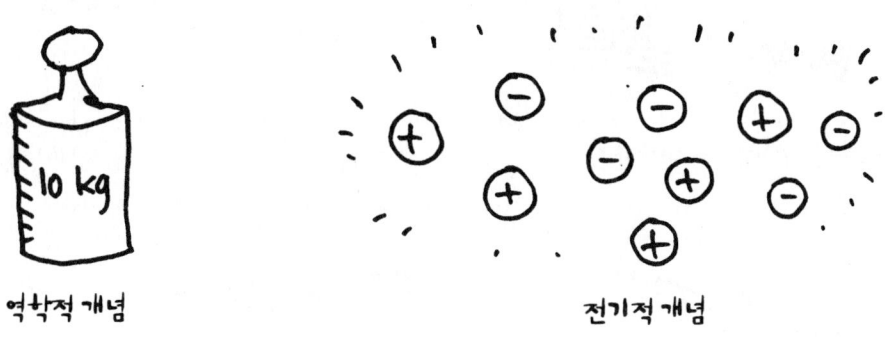

역학적 개념   전기적 개념

역학은 질량의 '진짜 정체'는 말해주지 않았다. 질량의 역할만을 알려줬을 뿐. 마찬가지로 고전 전자기학은 전하의 거동만 알려주고 그 정체는 말해주지 않는다.

소량의 전하를 만들어내기는 쉽다. 고무빗으로 머리를 빗거나 고무막대를 동물의 털에 문지르기만 하면 된다.

그렇게 하전된 막대를 매달아놓고, 똑같이 하전된 다른 막대를 가까이 갖다 대면 두 막대는 서로 밀어낸다.

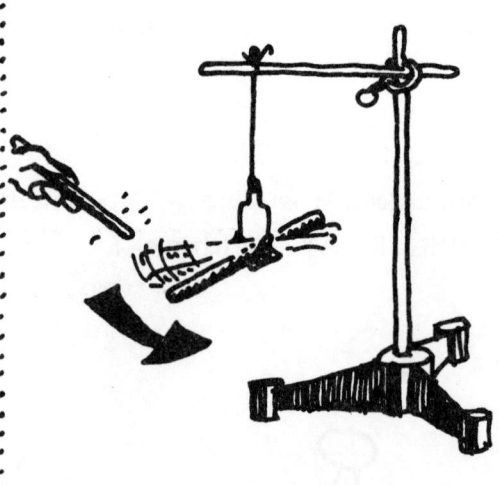

그러나 플라스틱 막대를 비단에 문질러서

그 고무막대에 갖다 대면 두 막대는 서로 끌어당긴다.

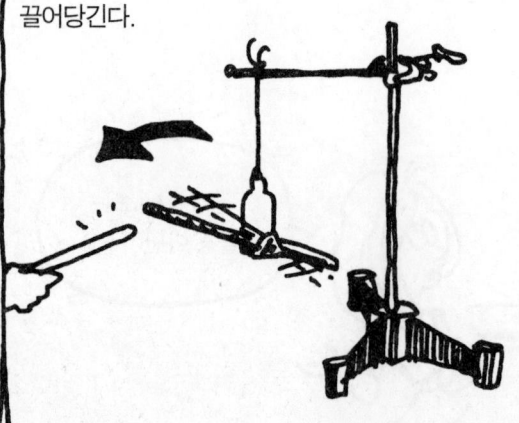

이 실험으로부터 전하에는 두 종류가 있다는 걸 알 수 있다.

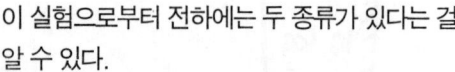

그리고 같은 종류의 전하는 서로 밀어내고, 다른 종류의 전하는 서로 끌어당긴다는 사실도!

벤저민 프랭클린(1706~1790)은 두 종류의 전하에 양과 음이라는 이름을 붙였다. 모든 물질은 원자로 이루어져 있고, 원자는 양의 전하를 띤 양성자와 전하가 없는 중성자로 구성된 원자핵과, 그 주위를 도는 음의 전하를 띤 전자로 구성되어 있다는 것을 여러분 모두 잘 알고 있을 것이다.

전자와 양성자는 크기가 같고 서로 반대인 전하를 갖는다. 정상적인 원자는 핵 속에 있는 양성자만큼의 전자를 갖고 있어서 전체로는 중성이다.

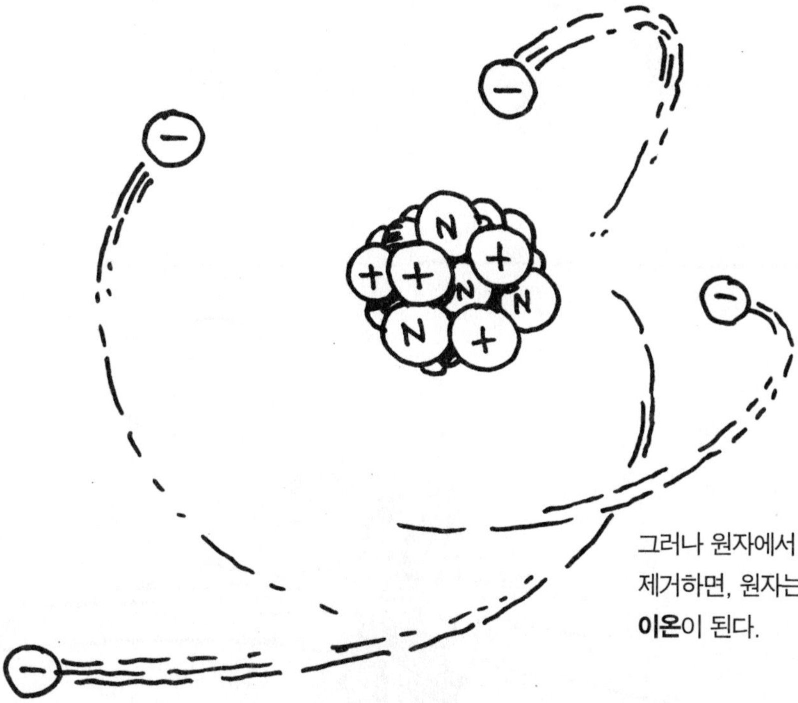

그러나 원자에서 전자 하나를 제거하면, 원자는 양으로 하전된 **이온**이 된다.

또한 하전된 물체는 중성인 물체를 끌어당긴다. 머리를 빗은 링고의 고무빗은 음으로 하전되고, 종잇조각들을 끌어당긴다.

왜냐하면 종이가 전기적으로 **분극**되기 때문이다. 음으로 하전된 빗이 종이 속에 있는 전자는 밀어내고, 양으로 하전된 핵은 끌어당긴다. 종이 속에서 전하가 이동을 하는 것이다! 전체로는 중성이지만.

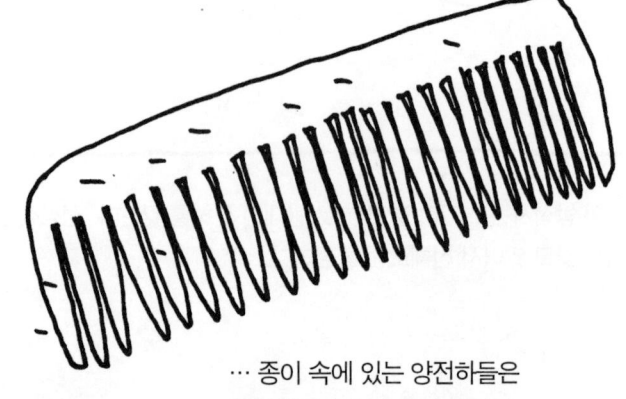

··· 종이 속에 있는 양전하들은 음전하들보다 빗에 더 가깝다. 그리고 음전하들을 밀어내는 힘보다 양전하들을 끌어당기는 힘이 더 강하다!

이 사실로부터 전기력은 거리가 멀수록 더 약해진다는 걸 알 수 있다.

꿈쩍도 않는군!

고무막대를 털에 문지를 때, 털에서 약간의 전자가 떨어져서 고무막대로 옮겨진다. 그래서 고무막대는 음전하를 얻는다(털은 양이 되고).

마찬가지로 비단과 플라스틱 막대를 문지르면 약간의 전자가 비단으로 옮겨지고, 막대는 양전하가 더 많게 된다.

전자는 전하의 기본 단위이고, 물체들 간에 쉽게 이동된다. 그리고 같은 물체 내에서도 이동된다. 구리선을 보면 알 수 있다.

하지만 전자는 둘로 쪼개지지 않아.

고무, 유리, 플라스틱 같은 물질은 **전기 절연체**라고 한다. 마찰이 일어날 때 표면에서 전자가 떨어져 나가거나 옮겨올 수는 있지만, 물체 내에서는 전자가 그 자리에 고정되어 쉽게 이동할 수는 없다.

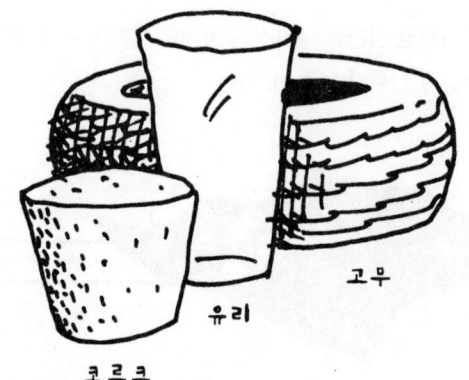

그러나 구리, 은, 알루미늄 같은 금속은 전자가 안에서 자유로이 돌아다닐 수가 있다. 이런 금속이 바로 **전기 전도체**다. 우리가 "전기"라고 부르는 것은 다름 아닌 전자의 흐름이다.

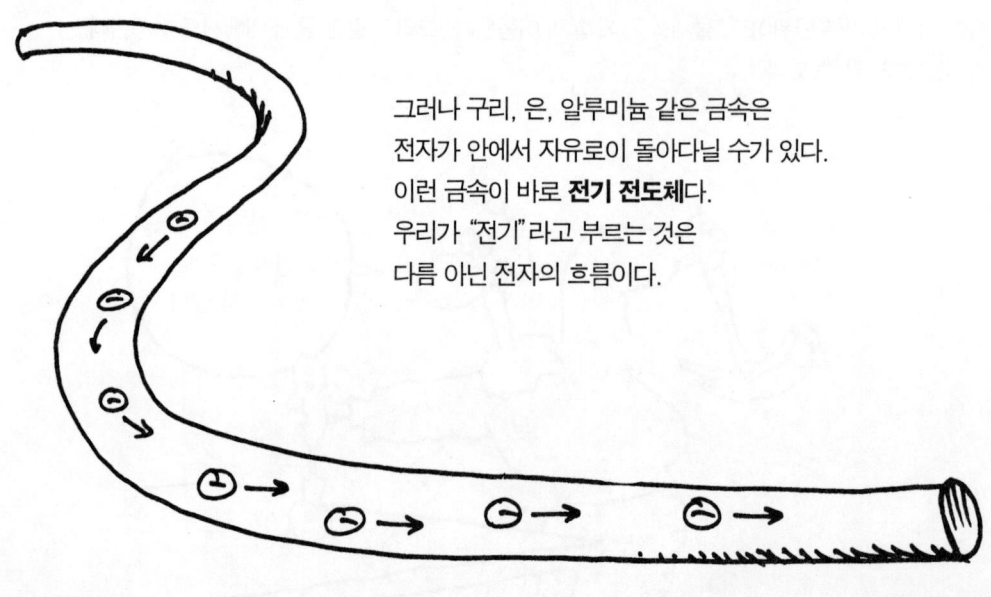

찰스 쿨롱(1736~1806)은 실험을 통해 전기력이 중력처럼 물체 간 거리의 제곱에 반비례한다는 사실을 밝혀냈다. 정전기력*에 대한 쿨롱의 법칙은 뉴턴의 중력법칙과 아주 유사하다.

$$F = k\frac{Qq}{r^2}$$

* 정전기는 전하가 정지해 있음을 뜻한다.

쿨롱의 식에서 Q와 q는 전하의 양이고, r은 전하 간의 거리이며, k는 중력의 G처럼 상수다. 표준단위체계로 $k = 9 \times 10^9$이다. 전하의 단위는 쿨롱이고, 전자 한 개가 갖고 있는 전하는 $-e = 1.6 \times 10^{-19}$쿨롱이다.

중력과 정전기력은 얼마나 비슷한 걸까?

정전기력법칙은 중력법칙과 아주 흡사하지만, 중요한 차이가 있다. 예를 들면 중력은 항상 인력이지만, 전기력은 인력과 척력 두 가지가 다 가능하다.

또 전기력은 중력보다 훨씬 강하다. 플라스틱 막대에서 고무막대로 (단지) 천억 개의 전자만 옮겨가면, 두 막대 사이의 인력을 감지할 수 있다.

그러나 막대 속에 있는 $10^{24}(=10^{16}억)$개의 원자들이 중력 작용으로 서로 당기지만, 가장 민감한 장치로도 탐지하기가 어렵다!

씹어 보세요!

전하 보존
질서정연한 우주의 제품

전하는 보존된다. 어떤 고립계의 양전하의 합과 음전하의 합은 변하지 않는다.

중성인 고무가 동물 털로 하전되었다면, 털에 있는 양전하와 고무에 있는 음전하는 개수가 똑같다.

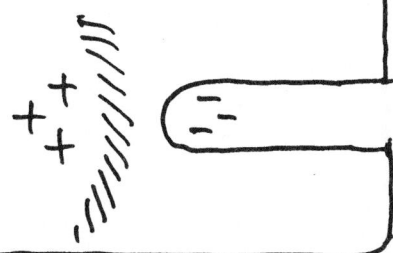

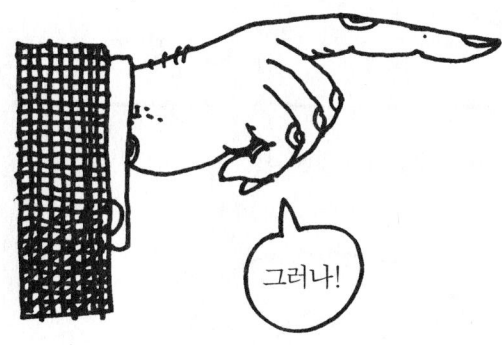

그러나!

무에서 전하 쌍이 만들어질 수도 있다

무라고 하지만 사실은 에너지야!

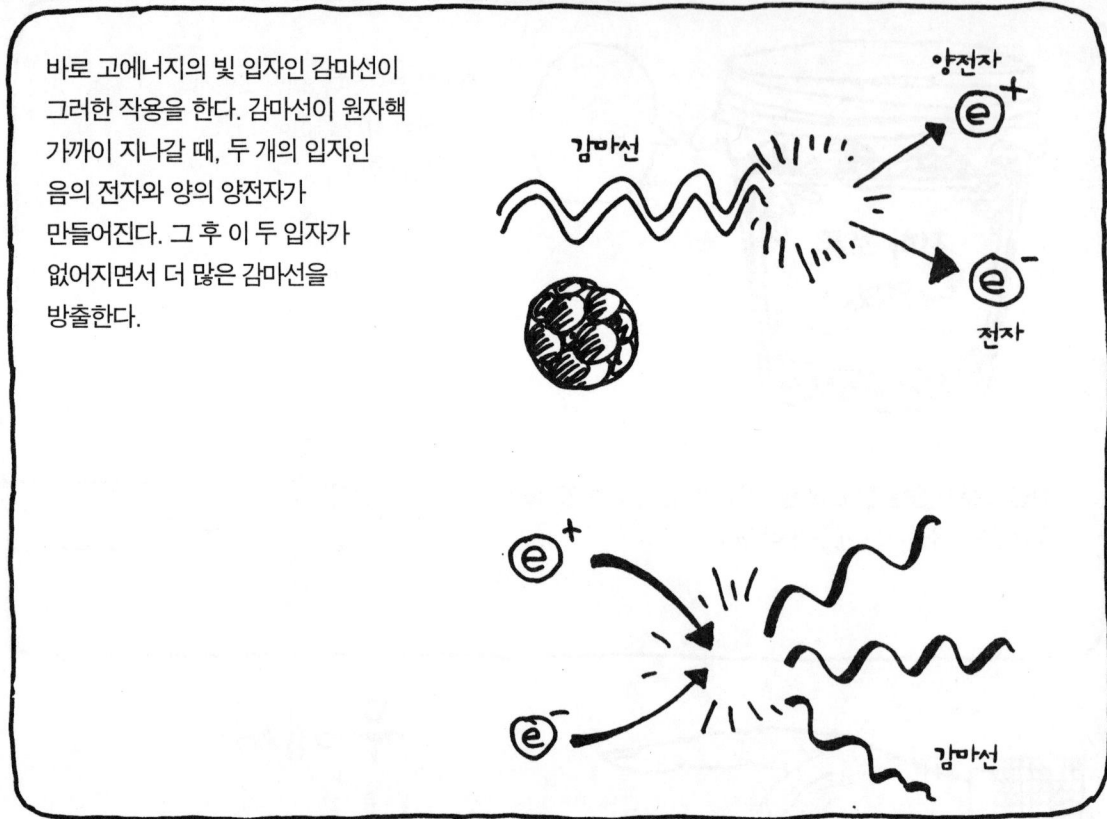

바로 고에너지의 빛 입자인 감마선이 그러한 작용을 한다. 감마선이 원자핵 가까이 지나갈 때, 두 개의 입자인 음의 전자와 양의 양전자가 만들어진다. 그 후 이 두 입자가 없어지면서 더 많은 감마선을 방출한다.

그러나 하나의 전하만을 만들어내거나 파괴하는 물리 작용은 아직 알려진 게 없다!

하지만 깜짝 놀랄 새로운 기술이 계속 발견된다는 거~.

여러분이 직접 만들 수 있는 정전기 장치로는 전기쟁반이 있다.

밑판으로 쓸 플라스틱판과 절연체로 된 손잡이, 즉 아교로 붙인 스티로폼 컵이 달린 금속판만 있으면 된다.

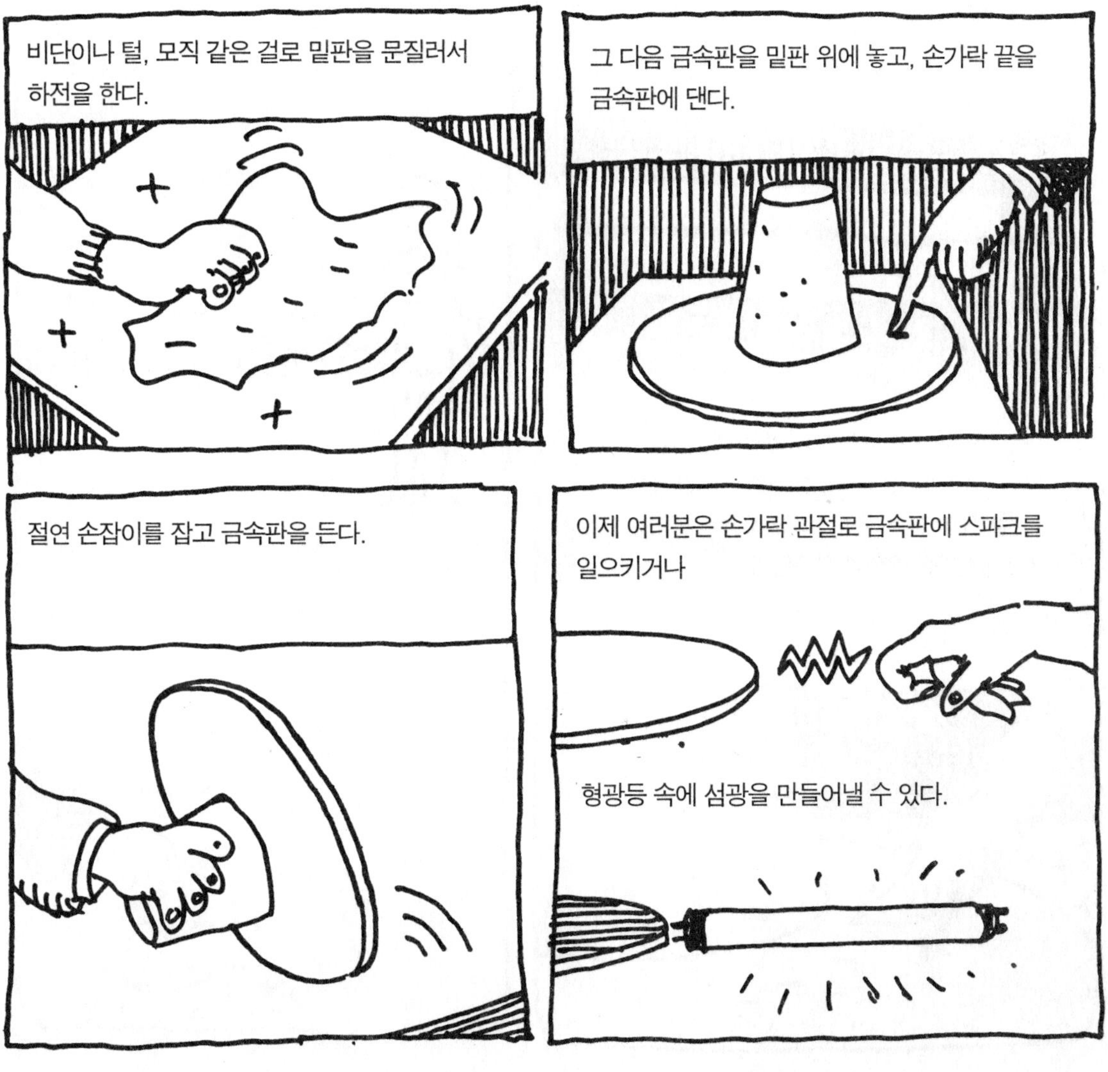

비단이나 털, 모직 같은 걸로 밑판을 문질러서 하전을 한다.

그 다음 금속판을 밑판 위에 놓고, 손가락 끝을 금속판에 댄다.

절연 손잡이를 잡고 금속판을 든다.

이제 여러분은 손가락 관절로 금속판에 스파크를 일으키거나

형광등 속에 섬광을 만들어낼 수 있다.

이 실험에서 재미있는 것은, 더 이상 밑판을 문지를 필요 없이 여러분의 손가락을 밑판에 대기만 하면 다시 하전할 수 있다는 사실이다.

어떻게 그럴 수 있을까? 밑판에 있는 전하가 없어지지 않는다면, 스파크를 일으키는 에너지는 어디에서 오는 걸까?

밑판을 문지르면 양전하로 하전된다. 그 위에 금속판을 놓아도 실제로 닿는 곳은 몇 군데밖에 안 된다.

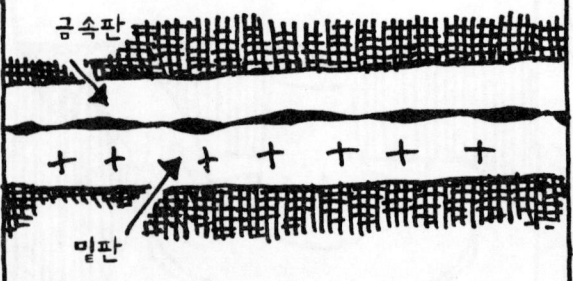

밑판은 절연체라서 아주 적은 양의 전하만 흐른다. 하지만 여러분이 금속판에 손가락을 대면, 몸속에 있는 전자들이 밑판의 양전하에 끌려서 금속판으로 흐르고 금속판은 음으로 하전된다.

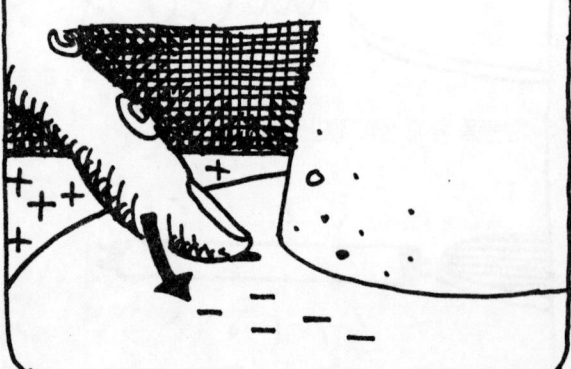

여러분의 몸이 양전하와 음전하의 저장고, 즉 전기 공급지의 역할을 하는 것이다. 여러분 몸에서 금속판으로 전하가 흘러나와 실험을 한도 끝도 없이 계속할 수가 있다.

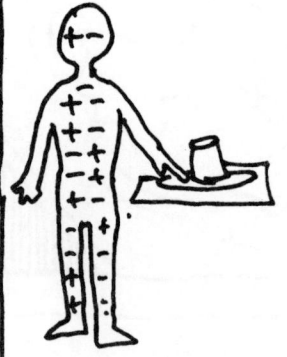

스파크를 일으키는 에너지가 어디서 오는 거냐고? 그건 밑판에서 금속판을 들어 올릴 때 내는 힘에서 나오는 거야!

CHAPTER 13
전기장

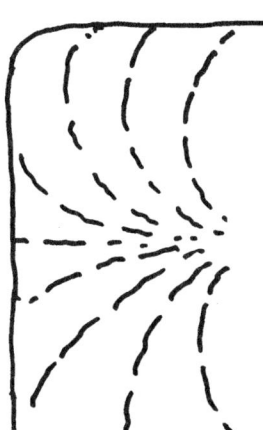

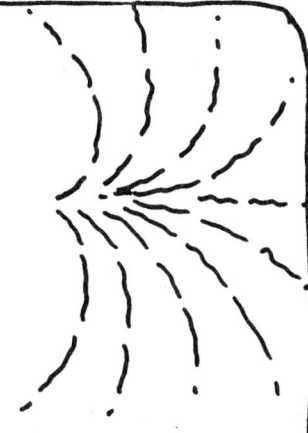

지구는 수천 마일 떨어져 있는 달에 힘을 미친다. 마찬가지로 전하도 떨어져 있는 다른 전하에 힘을 미친다.

중력을 생각해보세요!

서로 접촉한 것도 아닌데 어떻게 한 물체가 다른 물체에 힘을 미칠까? 힘이 어떻게 공간을 가로지를 수 있을까? 힘이 다른 물체에 도달하는 데 얼마나 걸릴까?

카페인 중독자보다도 더 빠를까?

그 해답의 출발점은 지구가 공간을 **중력장**으로 채운다는 상상에서 시작된다. 물체에 힘을 주는 것은 장(그게 뭐든 간에)이라고 한다.

마찬가지로 하나의 전하도 공간을 **전기장**으로 채운다. 전기장 안에 다른 전하가 들어오면, 그 전하에 전기력이 작용하게 된다!

우리가 단위 양전하를 갖고 이리저리 다니면서 그 전하에 작용하는 힘의 방향을 그린다고 상상하면, 전기장을 시각적으로 나타낼 수가 있다. 즉, 링고가 양전하 한 개를 가지고 있고, 그 주위를 당신이 단위 전하를 가지고 돈다고 생각해보라.

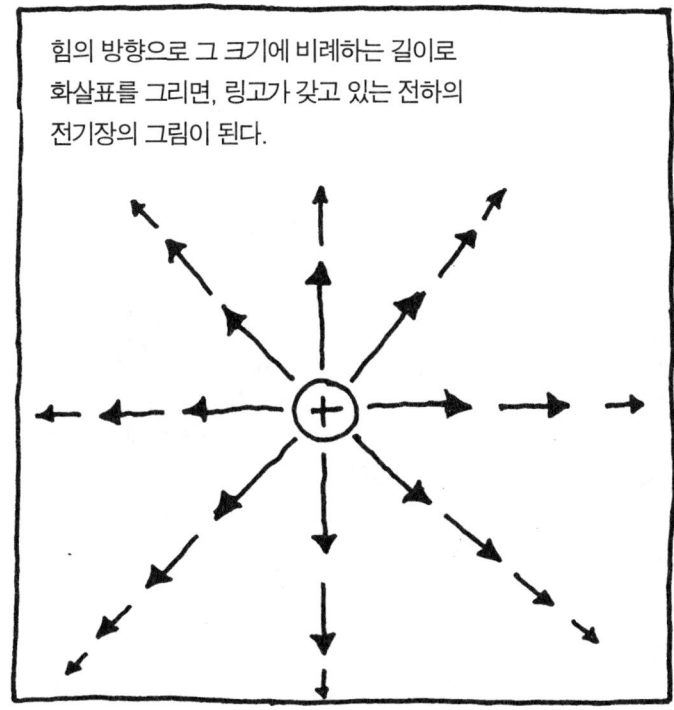

힘의 방향으로 그 크기에 비례하는 길이로 화살표를 그리면, 링고가 갖고 있는 전하의 전기장의 그림이 된다.

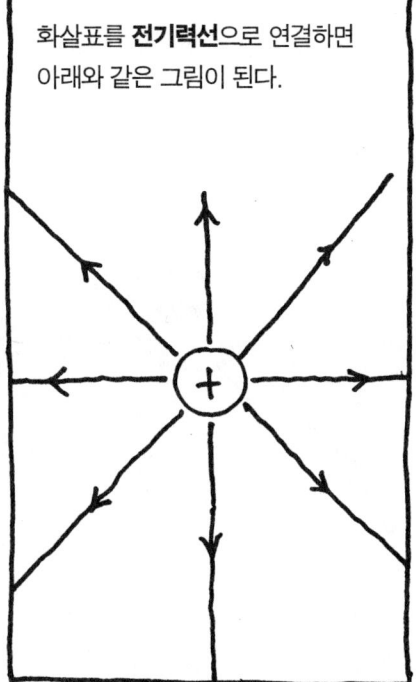

화살표를 **전기력선**으로 연결하면 아래와 같은 그림이 된다.

전기력선은 전기장의 모양을 생생하게 보여준다. 예를 들어 서로 끌어당기는 두 전하일 때,

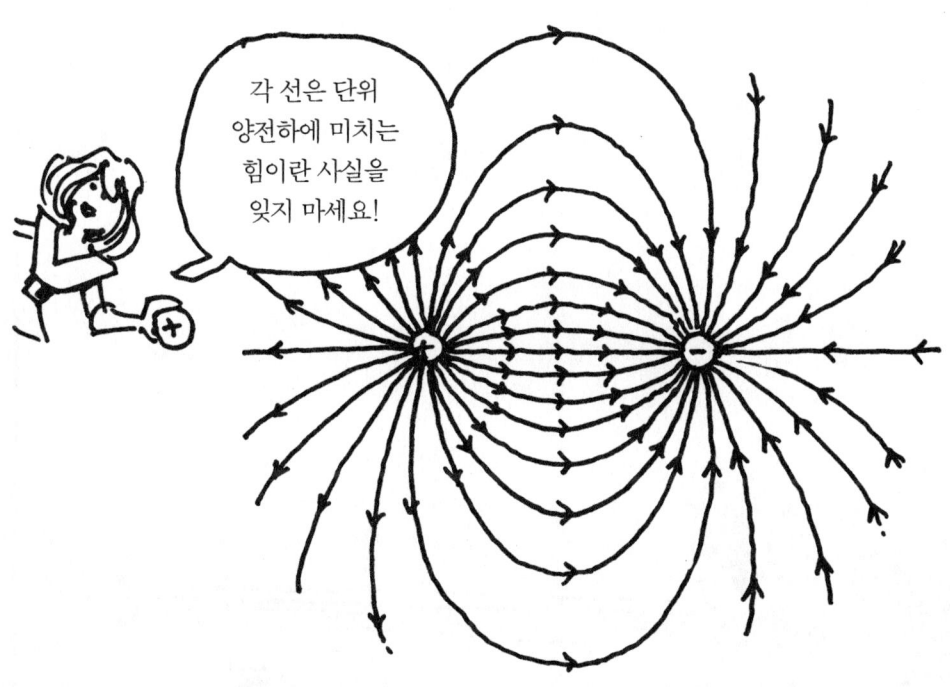

각 선은 단위 양전하에 미치는 힘이란 사실을 잊지 마세요!

전기력선은 양전하에서 시작되어 음전하에서 끝난다. 음전하는 단위 양전하가 어디에 있든 자기 쪽으로 끌어당기는 성질이 있다.

전기장은 그 속에 있는 전하들에 힘을 미치기 때문에, 그 입자의 위치와 관련되는 에너지가 있게
마련이다. 링고가 양전하를 들고 있고, 당신이 단위 양전하를 들고 멀리서부터 링고 쪽으로 간다고 하자.

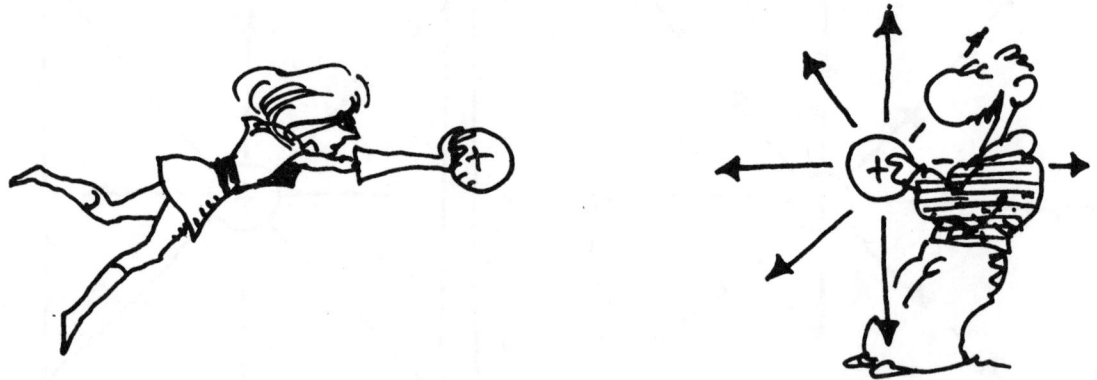

당신이 가까이 갈수록 전하가 반발력을 받기 때문에 힘을 더 써야 한다. 힘과 거리의 곱은 일과 같으니까
당신이 단위 양전하에 일을 하는 셈이다.

그 일은 단위 양전하의
위치에너지가 된다고 할 수 있다.
내가 전하를 놓으면, 전하는 튕겨 날아가고,
위치에너지는 운동에너지로 바뀐다.

핑~

위치에너지를 링고의 전하가 만드는 전기장으로만 나타내고자 한다. 그래서 위치에너지를 단위 양전하로 나누면 아래와 같다.

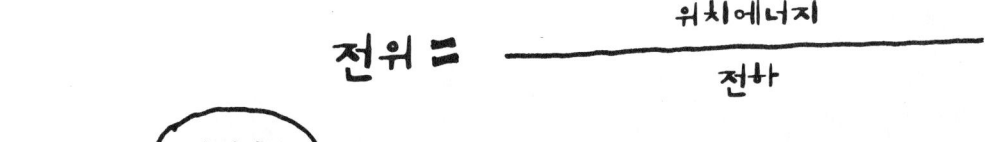

전위 = 위치에너지 / 전하

이 식은 전위*라는 새로운 물리량을 정의한다. 전위는 단위 전하당 에너지다. 단위는 줄/쿨롱이고, 이를 볼트라고 한다.

1볼트(V) = 1 줄/쿨롱

물리학의 새로운 정의는 어떤 것이든 그 개념을 이해하는 것이 중요하다.

건전지가 6볼트라는 것은 한 단자에서 다른 단자로 움직이는 단위 쿨롱마다 6줄의 에너지를 준다는 의미이다.

* 중력 위치에너지도 있다. 즉, 위치에너지(P.E.)=mgh이다. 그래서 P.E./m=gh는 h의 높이에 있는 물체에게 중력장이 작용하는 에너지이다.

O.K. 자, 여기 전하가 있어. 하지만 여전히 감이 안 잡혀.

어쨌든 전하가 뭐야? 뭔가 정체가 있을 것 아냐, 그렇지 않아?

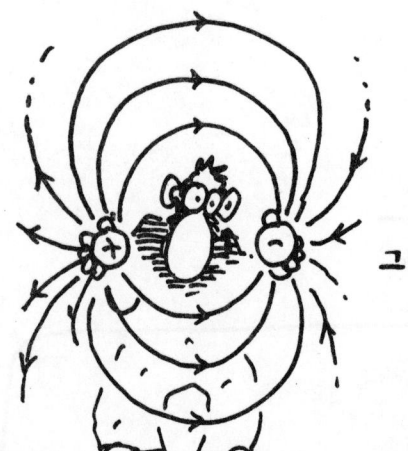

그리고 전기 '장', **그건 뭐야**?

그게 어떻게 힘을 '실어' 나르냐고? '공간을 채운다'는 개념이 어떻게 뭔가를 실어나를 수 있냐고?

나 지금 엄청 혼란스럽다고!

흠...

미안해요, 링고 씨, 그렇지만 핵심은 짚으셨네요. 고전 전자기이론은 그런 질문에 답을 주지 못하죠. 그건 전하와 장의 거동만 기술할 수 있어요. 이 책을 끝까지 잡고 있으면, 양자이론이 말하는 전하와 장의 '진짜 정체'에 대해 말씀드릴게요.

CHAPTER 14
축전기

축전기는 절연체를 사이에 두고 양편에 전도체가 마주 보는 형상이다. 예를 들면 공기를 사이에 둔 두 개의 금속판 같다.

축전기는 한쪽 판에서 다른 쪽 판으로 전하를 옮기는 방법으로 하전된다.

전하를 옮기는 가장 쉬운 방법은 짧은 시간 동안 축전기를 건전지에 연결하는 것이다. 그러면 건전지가 한쪽 판에서 다른 쪽 판으로 전하를 퍼 옮긴다.

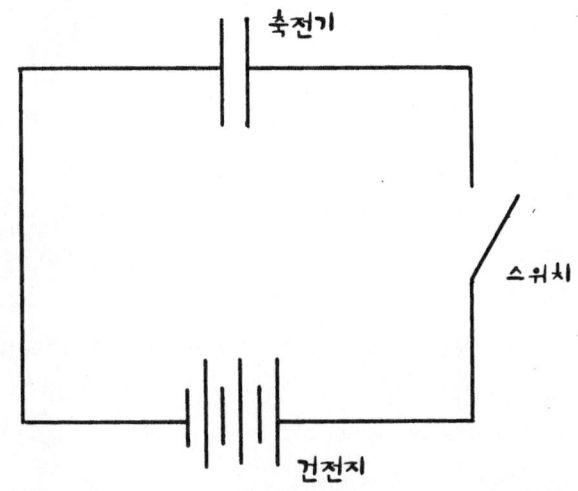

 스위치를 닫으면 전기가 흐르면서 축전기에 전하가 옮겨진다.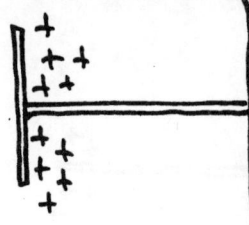
퍼 옮긴 전하의 양은 건전지의 전압에 비례한다.
식으로 나타내면 다음과 같다.

비례상수 C는 축전기의 특성에 따라 달라지는 숫자. 이를 **축전기의 전기용량**이라고 한다.

$$Q = CV$$

전하 = 상수 · 전압

용량의 단위는
마이클 패러데이 (1791~1867)의
이름을 따서 패럿이라고 부른다.
용량이 클수록 저장되는
전하가 많아진다.

또한 용량은 금속판들의 넓이에 비례하고, 판 사이의 거리에 반비례한다. 판이 넓고 가까울수록 보유한 전하가 많아진다.

서로 끌어당기고 있죠, 알죠?

그래서 전자업계에서 사용되는 축전기는

두 개의 알루미늄 판 사이의 간격을 작게 해서 특수 화학물질로 채우고

담요 말듯이 단단하게 말은 형태이다.

축전기가 하전된 후 건전지를 제거하면, 전하가 조금씩 공기 중으로 새나가더라도 수분 아니 수 시간까지도 하전된 상태를 유지하게 된다.

그러나 축전지의 도선을 서로 연결하면 선을 통해 전하가 흘러서 두 극판은 중성이 된다. 이것을 축전기의 방전이라고 한다.

펑!

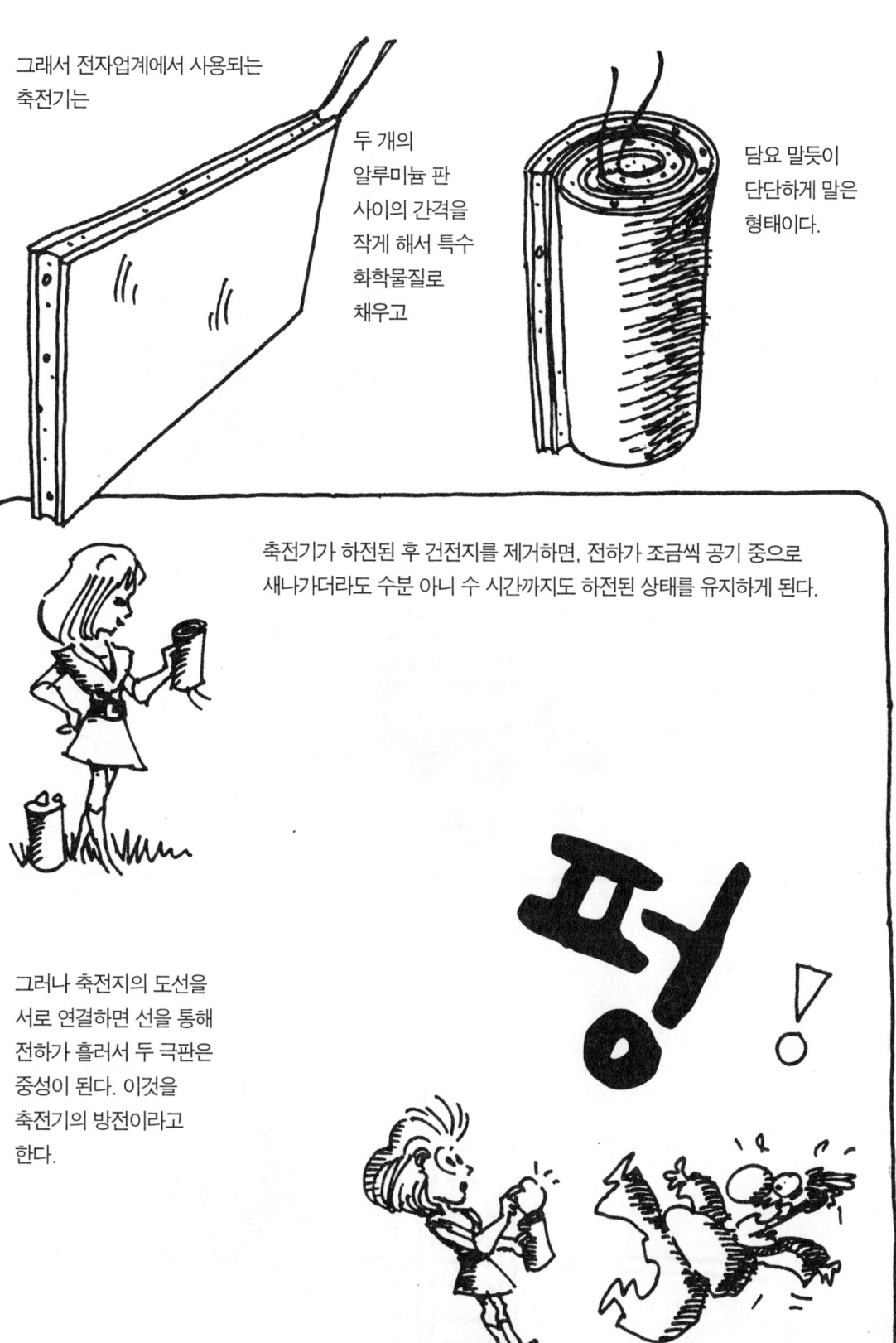

이걸 보면 전하와 에너지를 저장하는
축전기의 용도를 알 수 있다.
예를 들면, 사진기의 플러시는
플러시 튜브에 에너지를 저장하기 위해
큰 축전기를 갖고 있다.
건전지로 그 축전기를 충전하려면
약 30초가 걸린다. 튜브에 저장된 전하는
필요할 때 순식간에 전부가 방출된다!

'축전기' 하세요!

축전기가 하전되면, 양전하와 음전하가 절연체를 사이에 두고 서로 마주 보는 형국이 된다.
물론 전기장도 형성된다!

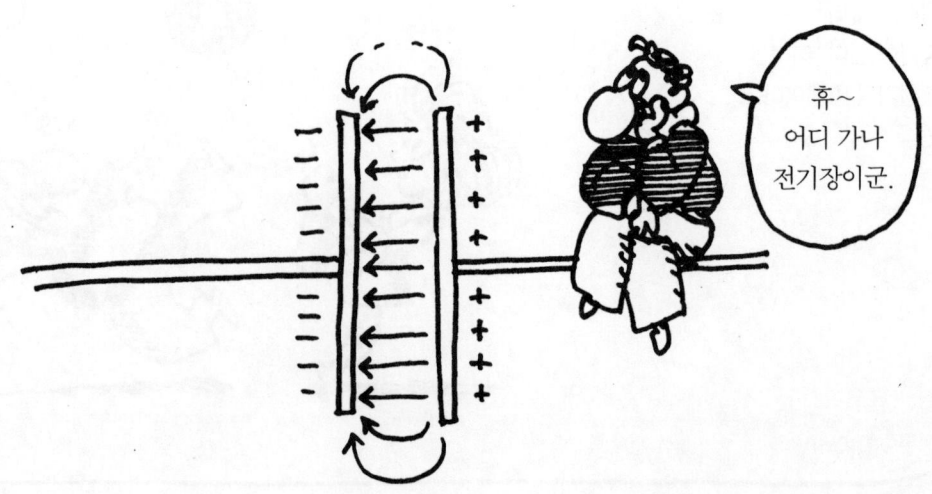

휴~
어디 가나
전기장이군.

음극판 가까이에 전자가 있으면, 전기장이 전자를 양극판 쪽으로 가속화한다. 양극판에 작은 구멍을 만들어두면 전자가 그곳을 통과해서 날아간다.

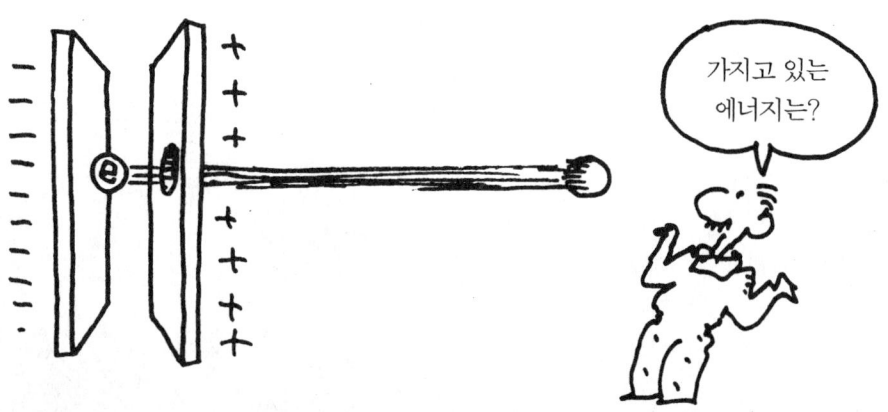

이제 에너지의 새로운 단위를 만들자. 바로 **전자볼트(eV)** 이다.

이것은 극판이 1V로 하전되어 있을 때, 그 속에 있는 전자 하나가 갖는 에너지이다. 극판이 100V로 하전되면 전자는 100eV를 갖는다.

eV를 줄로 바꾸려면, 전위=에너지/전하라는 정의를 이용하면 된다.

$$1eV = \text{전자의 전하} \times 1\text{볼트}$$
$$= 1.6 \times 10^{-19} C \times 1 \, J/C$$
$$= 1.6 \times 10^{-19} \text{줄}$$
$$(.00000000000000000016!)$$

현대의 고도 기술을 이용하면, 전자를 수백만 전자볼트까지 가속화할 수 있다. 그러나 이 정도의 에너지가 되면 전자의 속도가 광속에 가까워져서 전자를 기술하기 위해서는 상대성이론이 필요하다.

CHAPTER 15
전류

이탈리아 물리학자인 알렉산드로 주세페 안토니오 아나스타시오 **볼타**의 가장 큰 업적은 1794년에 전지를 발명한 것이다. 이름 외울 생각은 하덜 말어.

볼타는 화학물질의 용액 속에 다른 두 금속을 담그면 그들 사이에 전위차가 나타난다는 사실을 발견했다.

이는 전하가 한쪽 금속에서 다른 쪽 금속으로 이동하고 "싶어한다"는 뜻이다. 두 금속을 철사로 연결하면 전하가 그 속을 흘러갈 것이다.

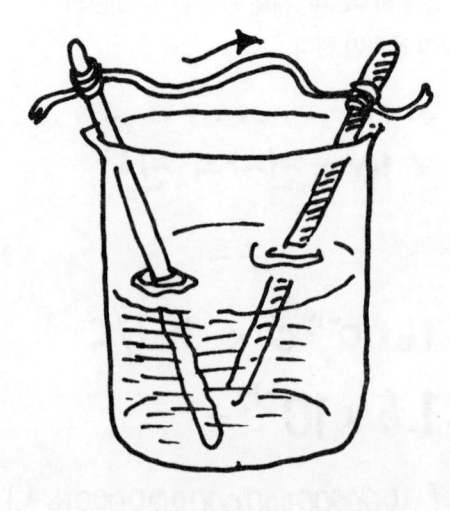

아래 그림은 약 1V의 간단한 '볼타전지'를 보여준다. 레몬 한 개와 못 두 개로 만든 거야!

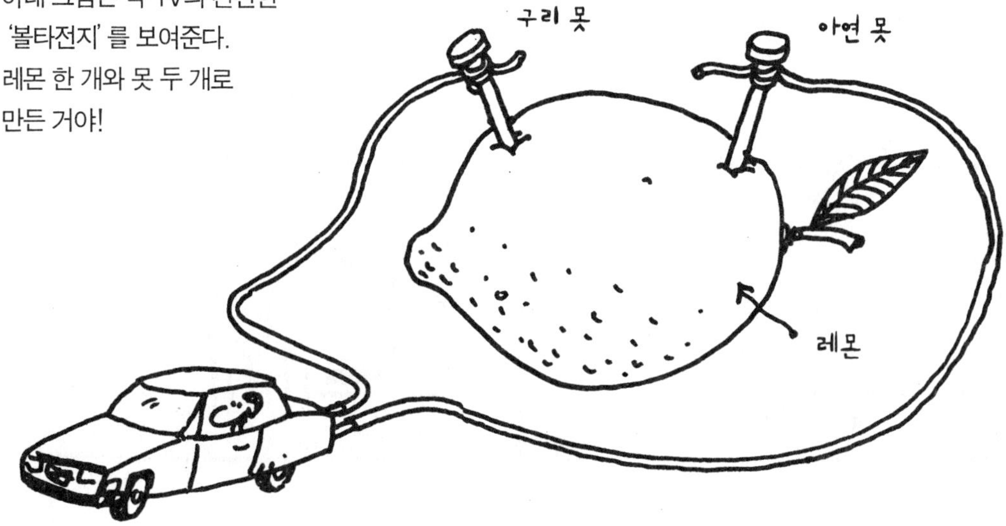

구리 못 아연 못

레몬

볼타는 또한 전지를 직렬로 연결하면 전위가 서로 더해져서 커진다는 사실도 발견했다.

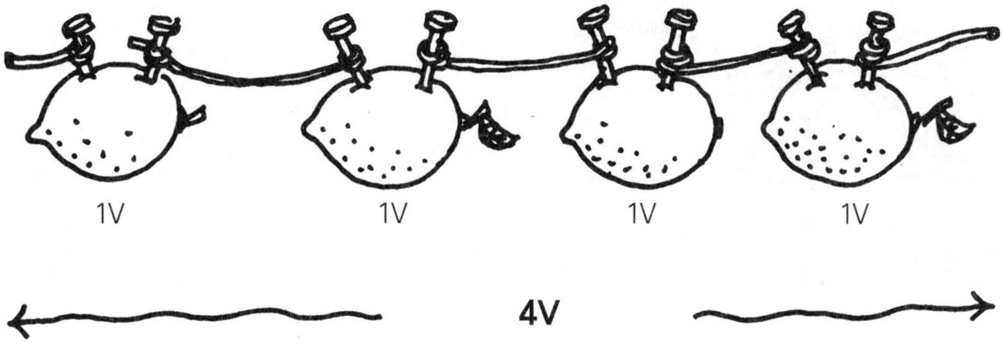

1V 1V 1V 1V

← 4V →

플러시의 '건전지'는 한 개의 화학전지이다. 차의 배터리는 위 그림처럼 여러 개의 전지를 직렬로 연결한 것으로 그 기호는 옆 그림과 같다.

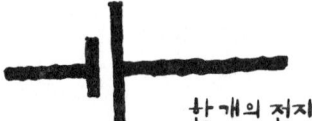
한 개의 전지

배터리

전지가 전구에 전선으로 연결되어 있는 간단한 회로를 살펴보자.

전지는 계속 회로로 전하를 '흘려보내' 전구를 밝힌다.

전하의 흐름을 **전류**라고 해.

새로운 단위가 나타나겠군.

전류는 단위시간당 전하로 측정되는데, 이를 **암페어**라고 한다.

전류는 보통 전지의 양극에서 음극 방향으로 도선을 따라 화살표로 나타낸다. 마치 양전하가 그 방향으로 흐르는 것처럼. 이것을 "통상적 전류"라고 한다. 실제 전류는 그 반대 방향이고 전자의 흐름이다. 대부분 전기적 효과는 어떤 걸 써도 차이가 없다.

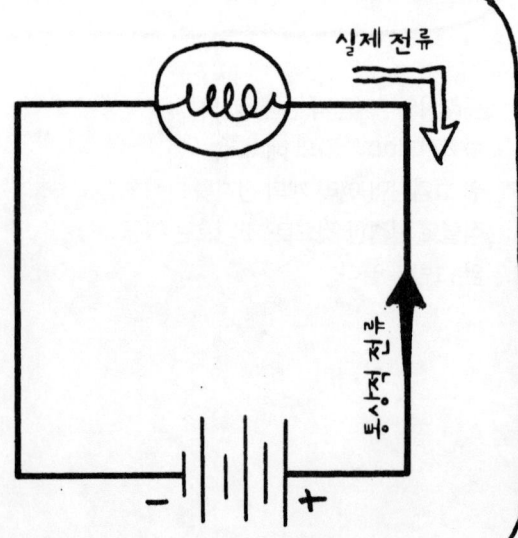

비유를 들어 이 개념들을 기억해보자.

전류를 파이프 속에 흐르는 물처럼 생각하면, 아래 표처럼 서로 대응시킬 수 있다.

전류	물
전하의 쿨롱	물의 리터
암페어	l/sec
전지	펌프
전압	펌프 압력
도선	파이프

전구의 필라멘트는 물의 흐름을 방해하는 파이프 속의 자갈과 같다. 사실 자갈도 흐르는 물과의 마찰 때문에 온도가 올라가기도 한다.

유량, 즉 전류가 많으려면 고압, 즉 높은 전압이 필요하다. **게오르그 옴**(1789~1854)은 이 관계를 옴의 법칙으로 요약했다.

$$i = \frac{V}{R}$$

전류 i는 전압 V를 저항 R로 나눈 값과 같다. 전압이 높을수록 저항을 통해 흐르는 전류의 양이 많아진다.

옴의 법칙은 쿨롱의 법칙처럼 항상 성립하지는 않지만 성립할 때가 아주 많다.

저항의 단위는 **옴**이다.
저항은 사용되는 물질,
전류가 통과하는 단면적과
길이에 따라 다르다.

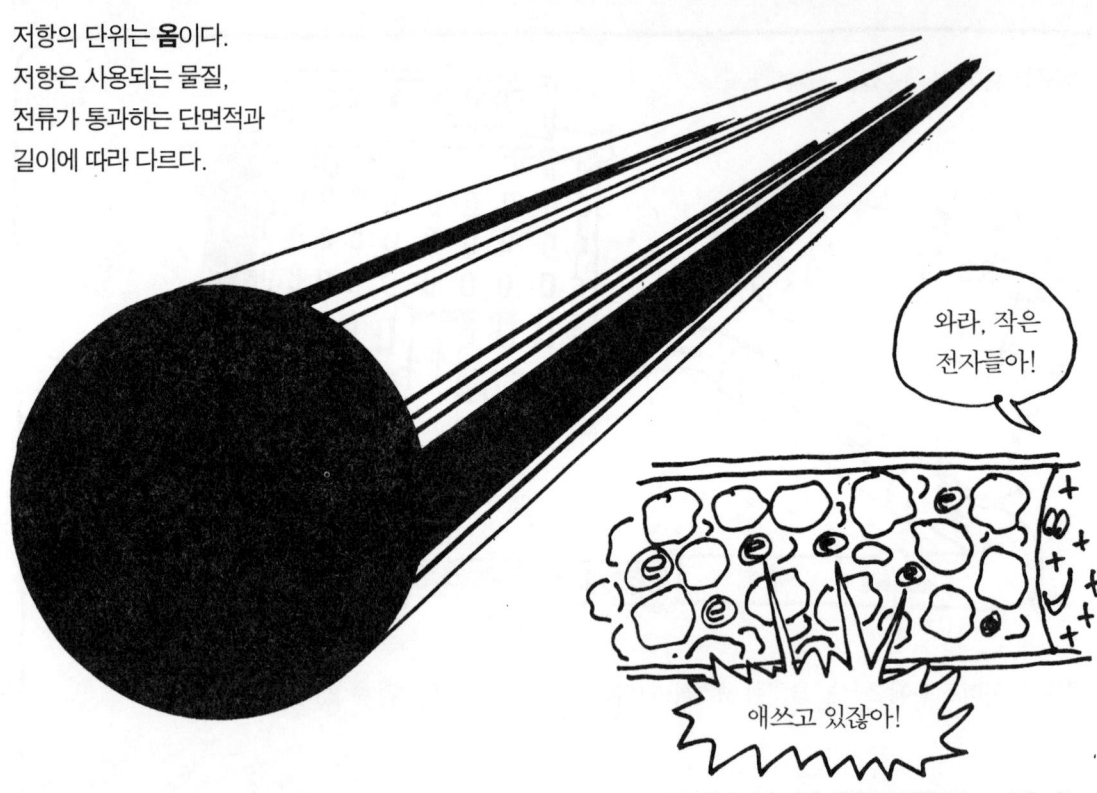

자갈로 가득 찬 파이프 속에 흐르는 물을 다시 생각해보자. 길이가 두 배면 저항도 두 배가 된다. 파이프의 단면적이 넓을수록 물이 흘러갈 공간이 많으므로 저항은 약하다. 저항은 또한 자갈의 형태에 따라서도 다르다.

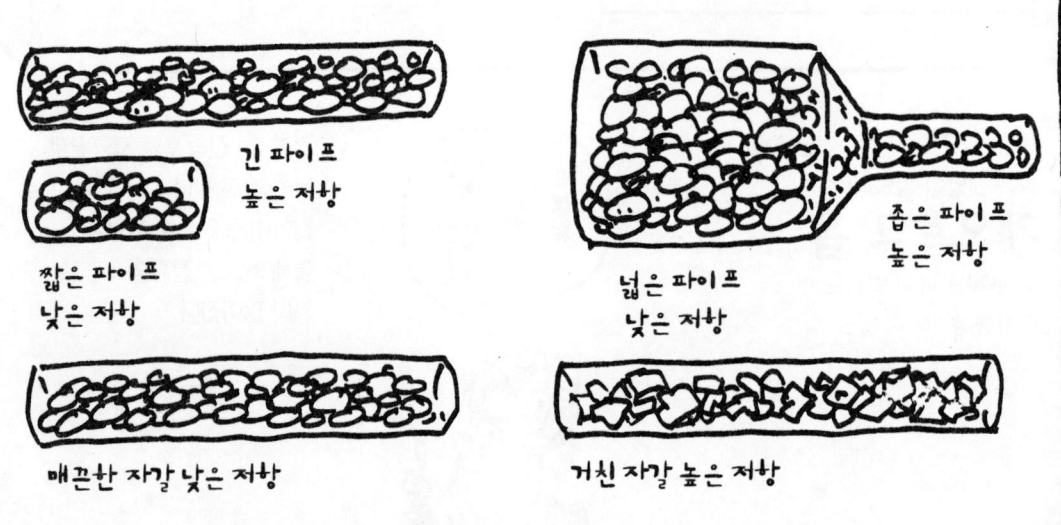

마찬가지로 도선의 저항도 그 길이에 비례하고 단면적에 반비례한다.

또 자갈처럼 물질도 저마다 고유한 **저항률**을 갖는다. 좋은 전도체는 저항률이 낮다.

저항률이 낮은 좋은 전도체: 은, 금, 구리, 알루미늄

저항률이 높고 나쁜 전도체: 플라스틱, 종이, 옷감

전구의 필라멘트는 구리보다 저항률이 훨씬 높은 텅스텐으로 만든다. 그래서 같은 길이의 구리선보다 저항이 훨씬 크다.

필라멘트는 저항이 커야 전기 에너지를 빛으로 '흩어지게 하거든!'

저항은 또한 온도에 따라 변한다. 대부분 물질은 온도가 오르면 저항도 커진다. 분자들의 진동이 전하의 흐름을 방해하기 때문이다.

수은이나 알루미늄 같은 물질은 절대온도 0도 (섭씨 영하 273도)에 가까운 아주 낮은 온도에서 저항률이 0으로 떨어진다. 이런 물질들은 저항이 전혀 없이 전기를 전달하므로 이렇게 부른다.

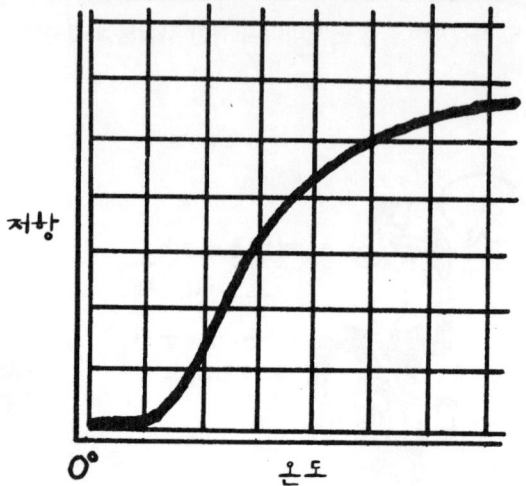

초전도체

초전도체의 놀라운 점은 많은 전류를 열로 잃어버리지 않고 옮길 수 있다는 사실이다. 이 전류들은 수년까지도 그대로 남아 있다. 초전도체들은 가격이 비싸지만, 막대한 양의 전류가 필요한 초강력 전자석으로 이루어진 입자가속기에 사용된다.

1986년에 과학자들은 훨씬 높은 온도인 섭씨 영하180도에서 저항이 없어지는 새로운 초전도 화합물들을 발견했다. 이것도 아주 낮은 온도라는 생각이 들겠지만, 절대온도 0에 비하면 온탕이다.

이 화합물들은 비싸지 않은 액체질소로 냉각할 수 있다. 머지않아 자기부상열차처럼 놀라운 기술로 상업화될 것이다.

자, 이제 다시 6V 전지와 작은 전구가 구리선으로
연결된 간단한 회로를 살펴보자.

필라멘트의 저항이 6옴이면, 옴의 법칙에 따라 전류는

$$i = V/R = \frac{6볼트}{6옴} = 1암페어$$

도선의 저항은 잊어버려.

(구리선의 저항은 무시해도 된다.
1/100옴보다 더 작기 때문에 전체 저항에
영향을 주지 않는다.*)

그러니까 회로에서 이걸 어떻게 측정하느냐가
문제이다.

1. 전구를 제거한다.
2. 소켓에 손가락을 넣는다.
3. 머리털이 얼마나 꼬불꼬불해지는지 측정한다?

*선이 아주 길거나 아주 얇지 않다면.

적은 돈으로 전압, 전류, 저항을 측정하는 멀티미터를 살 수 있다.

전압을 측정하려면, 미터의 리드선을 전구나 전지 양쪽에 접촉하면 된다. 전구 양쪽에 접촉하면 전구의 **전압강하**가 측정된다.

전압 '강하'는 열과 빛으로 변하는 단위전하당 에너지를 말한다.

리드선을 모두 전구의 한쪽에 접촉하면 0에 가까운 수치가 미터에 나타날 것이다. 구리선으로 전류를 흘려보내는 데는 전압이 거의 필요 없다. 전지를 측정하면 전압이 '승압' 된다. 이는 전지가 회로로 흘려보내는 단위전하당 에너지를 나타낸다.

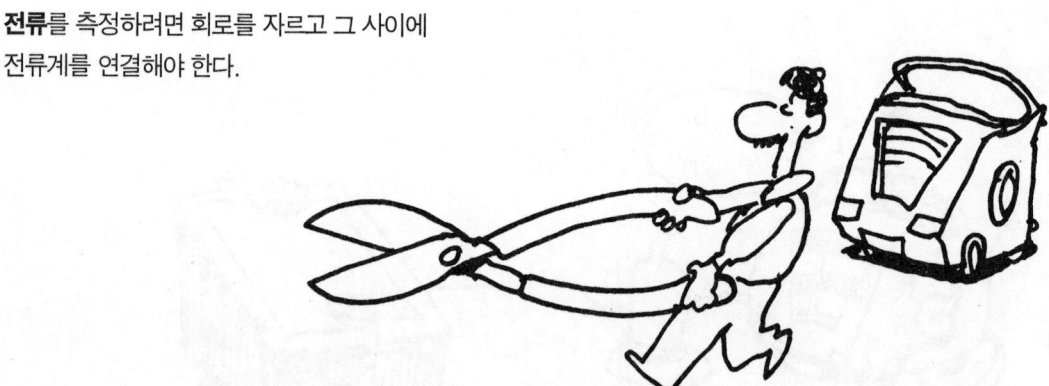

전류를 측정하려면 회로를 자르고 그 사이에 전류계를 연결해야 한다.

회로에는 어디나 똑같은 전류가 흐른다. 전류를 측정하려면 전류가 전류계로 흘러야 한다.

그리고 저항은?

전구 필라멘트의 저항도 바로 측정할 수 있다. 회로에서 전구를 떼어내서 멀티미터를 저항계로 맞춰 측정하면 된다.

아니면 앞에서 측정한 전압과 전류를 이용해 옴의 법칙으로 저항을 계산해도 된다.

그런데 위의 두 저항값은 약간 다를 수 있다. 전구가 회로에 연결되어 있을 때는 필라멘트의 온도가 높고(그래서 저항이 높고), 전구를 떼어내서 측정할 때는 필라멘트가 차갑기 때문이다.

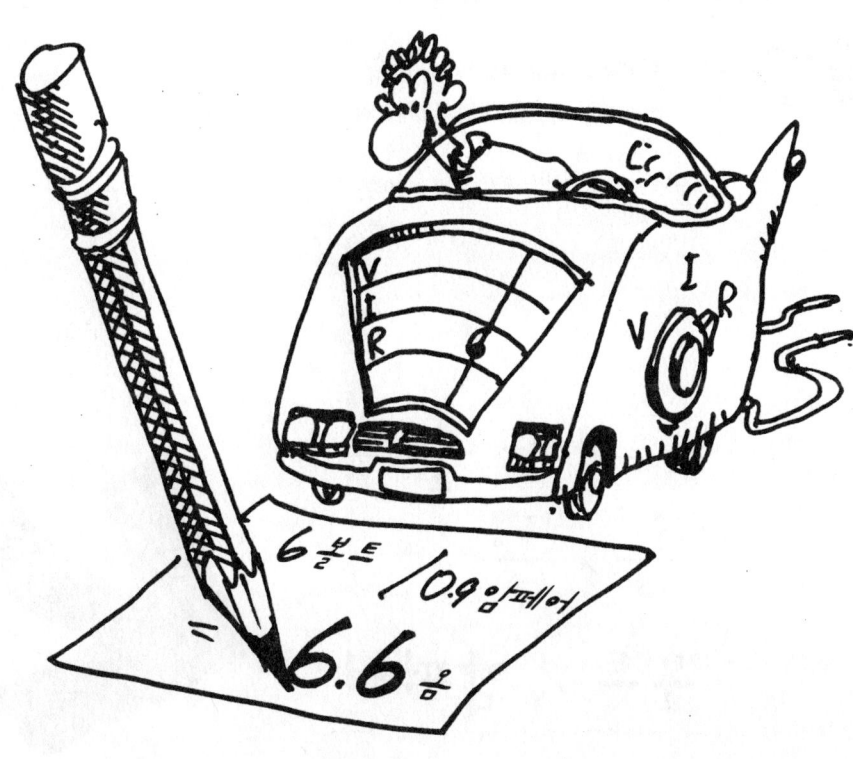

우리가 흔히 볼 수 있는 또 다른 전기 단위는 **일률**의 단위인 **와트**다.

일률은 단위시간당 에너지로서, 에너지가 얼마나 빨리 방출 또는 소모되는지를 측정하는 척도가 된다. 일률은 기계장치에도 적용되며 일률이 높은 차는 급속히 가속할 수 있다. 일률이 높은 전구는 단위시간에 많은 빛을 낸다.

 **1와트는 1초당 1줄로 정의된다.**
아래처럼 와트를 볼트, 암페어와 연결 지을 수 있다.

$$일률 = 와트 = \frac{줄}{초} = \frac{줄}{쿨롱} \times \frac{쿨롱}{초} =$$

$$볼트 \times 암페어$$

즉, **전압**과 **전류**의 곱이 **일률**이다.

$$P = Vi$$

와트 = 볼트 × 암페어

마력은 없군!

6옴의 전구가 6V의 전지에 연결된 경우, 전류가 1암페어이니까 일률은

P = 6볼트 × 1암페어
　= 6와트

어둡네, 하지만 나중에는 좀 보이겠지…

CHAPTER 16:
병렬연결과 직렬연결

똑같은 전구 세 개를 전지에 직렬로 연결했다는 것은 전구들이 차례대로 연결됐다는 뜻이다.

기계장치에 비유하면, 각 전구의 필라멘트는 파이프의 자갈이 들어 있는 부분과 같다.
이제 물이 지나가야 할 자갈 부분이 세 배가 된다.

저항이 세 배가 됐지!*

* 우리는 전구의 저항이 그 속을 통과하는 전류와 무관하다고 가정하는데 사실은 그렇지 않다. 필라멘트의 온도가 전류의 영향으로 변하기 때문이다.

저항이 세 배라는 말은 전류가 1/3만 흐를 수 있다는 뜻이다. 물론 각 전구에 흐르는 전류는 같다. 전하는 회로 외에 갈 곳도 없고 회로 내에 쌓이지도 않는다.

전압계의 리드선을 전구 양쪽에 갖다 대면, 전구의 전압강하는 전지 전압의 1/3이 된다.

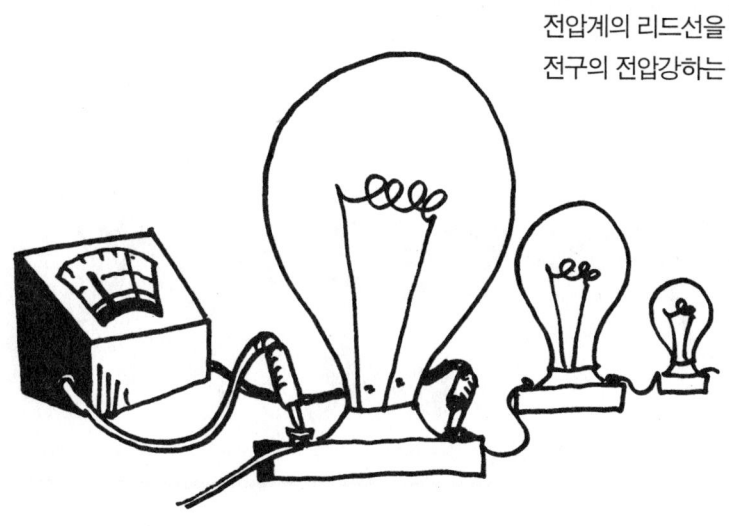

전구들은 전압을 나눠 가지며, 직렬로 연결된 이 전구들의 전압을 모두 합하면 전지의 전압과 같다.

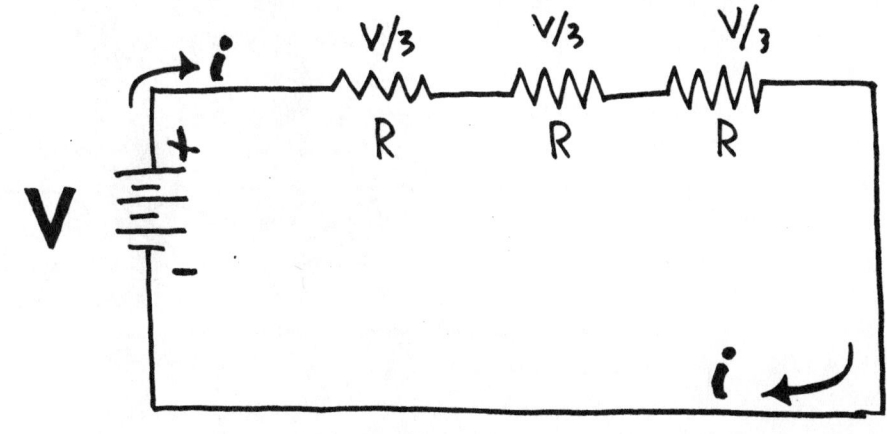

일반적으로 직렬연결된 전구들이 서로 다른 경우, 전압강하 V_1, V_2, V_3는 각 전구에서 소비되는 에너지*, 즉 빛과 열로 바뀌는 전기에너지를 나타낸다.

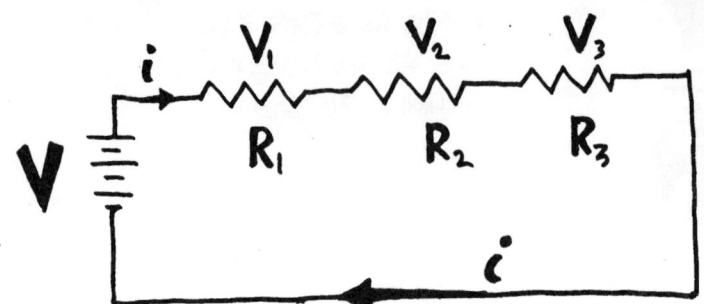

전구들에서 소비되는 에너지의 총량은 전지가 공급하는 에너지와 같아야 한다. 그래서 이 전압강하들을 모두 합하면 전지의 전압이 된다. 이것을 폐회로법칙 또는 키르히호프의 제1법칙이라고 한다.

$$V = V_1 + V_2 + V_3$$
$$(V_1 = iR_1, 등등)$$

직렬연결의 경우, 세 개의 전구 각각에 흐르는 전류는 전구 하나만 연결했을 때 전류의 1/3이고, 전압도 1/3이 된다. 일률은 전압과 전류의 곱이므로, 각 전구의 밝기는 전구 하나만 연결했을 때의 1/9이 된다.

* 전압은 단위전하당 에너지란 사실을 꼭 기억합시다!!

이제 전구를 **병렬**로 연결해보자.

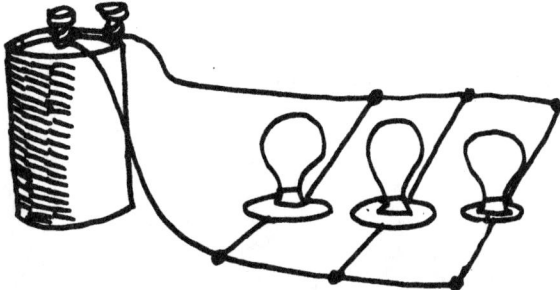

각 전구는 모두 직접적으로 전지에 연결되어 있다.

이렇게 하면 모든 전구에 전지의 전압이 그대로 걸리고 원래의 밝기를 유지한다. 집에 있는 전기설비는 전압이 이와 같은 식으로 배선된 것이다.

병렬회로에서는 전류가 나눠져 세 지로를 통해 흐른다.

그러나 회로 전체의 **저항**은 전구 하나가 갖고 있는 저항의 1/3이다. 자갈이 차 있는 파이프의 단면적이 세 배가 된다고 생각하면 훨씬 이해하기 쉽다. 그래서 회로 전체에는 세 배의 전류가 흐르는 것이다.

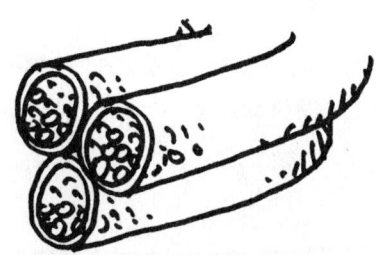

요약하면, 병렬연결된 각 전구들에는 똑같은 전압이 걸리고, 옴의 법칙 $i = V/R$ 에 따라 각 저항에 반비례하는 전류 i가 흐르게 된다.

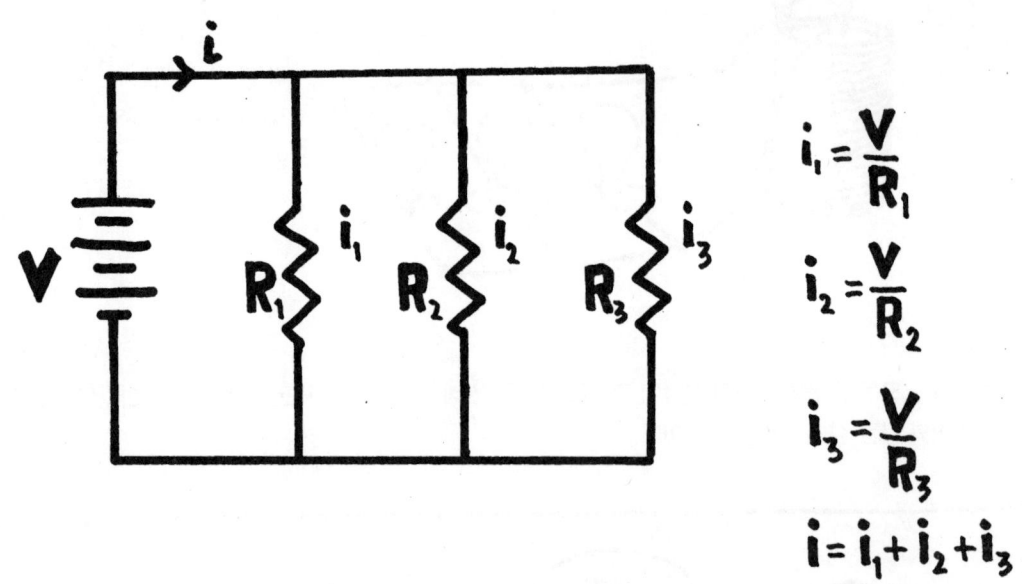

$$i_1 = \frac{V}{R_1}$$

$$i_2 = \frac{V}{R_2}$$

$$i_3 = \frac{V}{R_3}$$

$$i = i_1 + i_2 + i_3$$

회로의 각 부분에 흐르는 전류는 얼마일까? 회로의 어느 접합점에서 흘러들어오는 전류와 흘러나가는 전류는 같아야 한다. 전류는 전하의 흐름이라 보존된다.

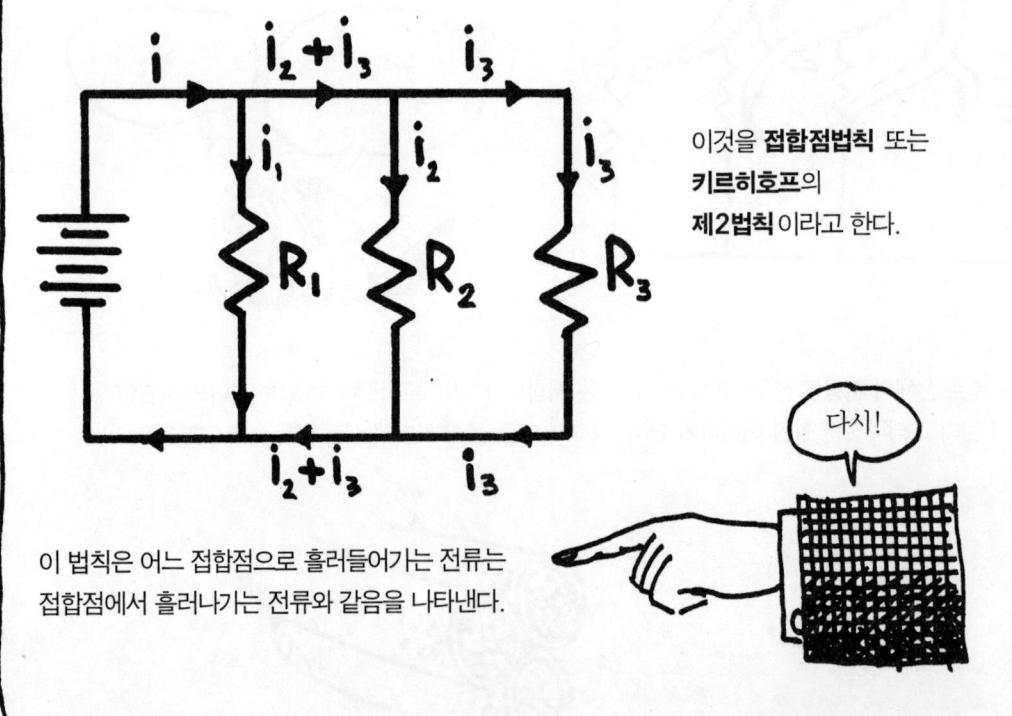

이것을 **접합점법칙** 또는 **키르히호프**의 **제2법칙**이라고 한다.

이 법칙은 어느 접합점으로 흘러들어가는 전류는 접합점에서 흘러나가는 전류와 같음을 나타낸다.

다시!

그런데 재미있는 역설이 있다. 60W 전구와 100W 전구를 직렬로 연결해보자.

오! 난 역설이 좋아!

60W 전구가 더 **밝다!** 어떻게 된 일일까?

먼저, 전구를 직렬이 아니고 하나만 연결해야 본래의 밝기를 유지한다는 것을 기억하라.

직렬연결하면, 전압을 나눠갖죠!

직렬연결된 전구들이 갖는 전압은 얼마나 될까? 두 전구에는 같은 전류 i가 흐르니까, 옴의 법칙 $V=iR$ 으로 각 전구의 전압강하를 구할 수 있다.

그래서? 역설이 어디 있어?

CHAPTER 17

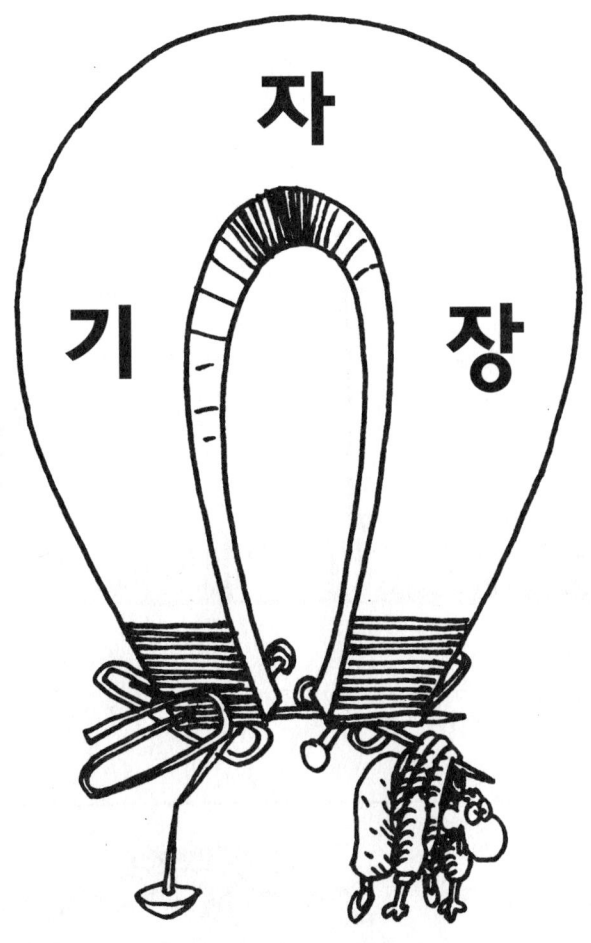

자기장

수천 년 전 그리스인들은 소아시아의 **마그네시아** 지역에 있는 어떤 철광석이 쇠를 끌어당기고 비슷한 철광석은 밀어낸다는 사실을 발견했다. 그때부터 "마그넷(자석)"이라는 이름이 생겼다.

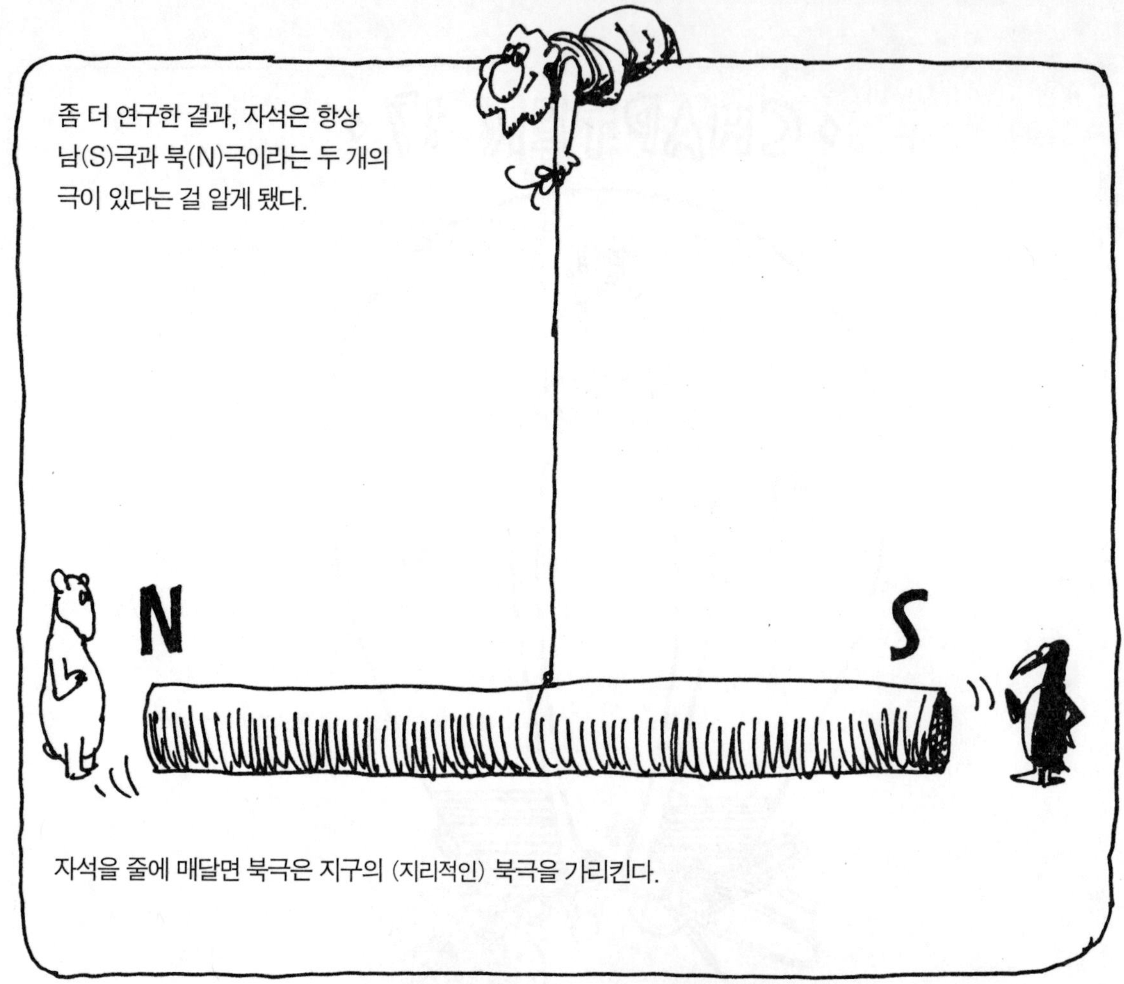

좀 더 연구한 결과, 자석은 항상 남(S)극과 북(N)극이라는 두 개의 극이 있다는 걸 알게 됐다.

자석을 줄에 매달면 북극은 지구의 (지리적인) 북극을 가리킨다.

나침반은 축에 바늘 자석을 올려둔 것에 불과할 뿐.

자석도 다른 극끼리는 서로 당기고, 같은 극끼리는 서로 밀어낸다.

이제 나침반의 작은 바늘들을 종이 위에 흩어놓고, 그 아래에 막대자석을 대보자.

바늘들은 아래 그림처럼 늘어선다. 이것이 막대자석의 자기장이다.

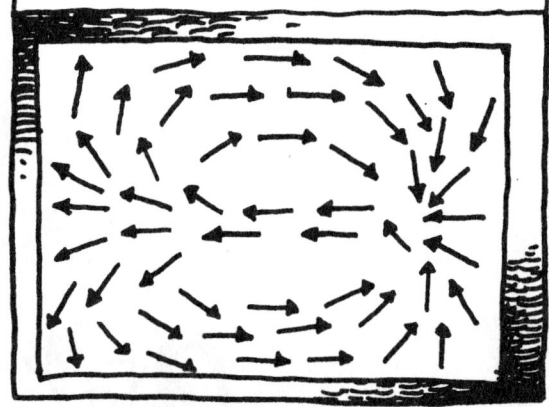

전기장처럼, 화살표 방향으로 선을 연결하면 바로 **자기력선**이 된다.

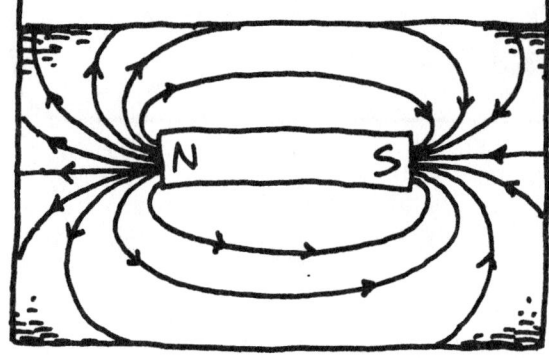

관례에 따라 우린 자기력선이 북극에서 나와서 남극으로 들어간다고 생각한다.

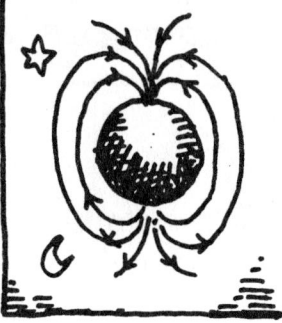

(이에 따라 지구 자기의 남극은 지리적으로 지구의 북극에 있다는 사실에 주의!)

자석을 부러뜨리면 새로운 극이 두 개 생긴다! 절대로 자극을 하나만 따로 떼어놓을 수 없다.

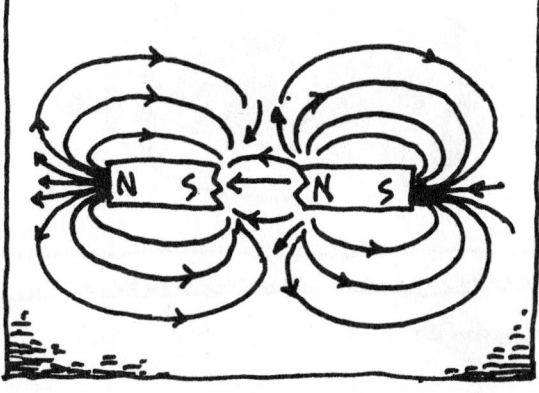

그리고 자기력선도 어느 곳에서 끝나는 게 아니고, 자석 속을 지나가는 폐곡선의 형태를 갖는다.

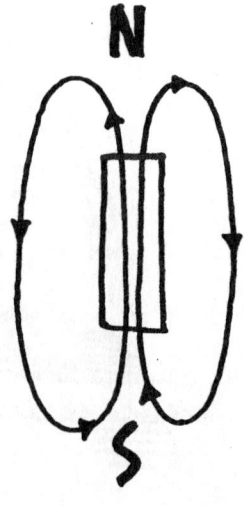

1820년까지는

모두가 자기와 전기가 완전히 별개라고 생각했다.

전기?
자기?
서로 관련이 있다고?
뭔가 있다고?
하 하하하

그런데 바로 그 해, 덴마크의 물리학자인
한스 에르스텟(1777~1851)은
나침반의 바늘이 전류 때문에 움직인다는 것을 발견했다.

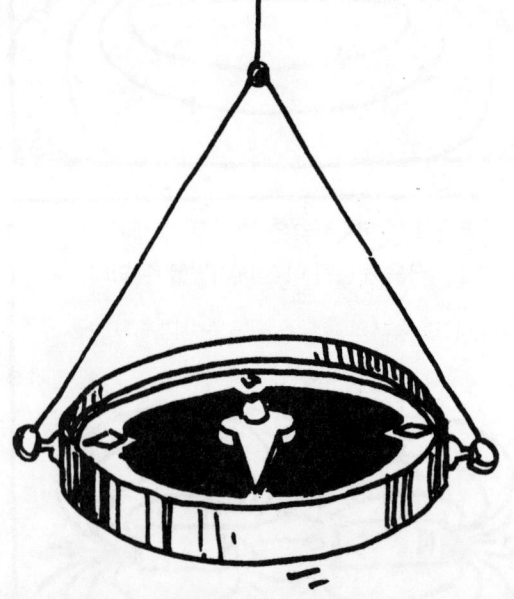

전류 →

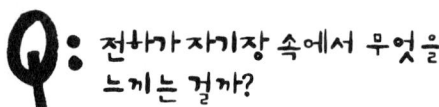 전하가 자기장 속에서 무엇을 느끼는 걸까?

먼저 전하가 정지하면, 아무런 힘이 없다.

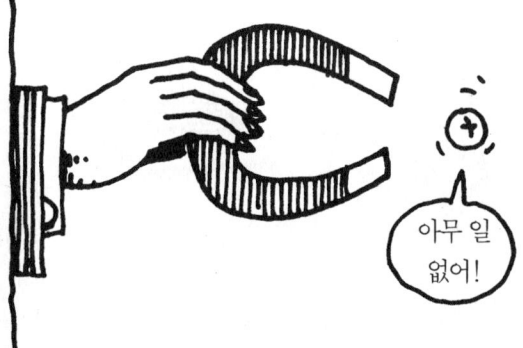

그리고 전하가 자기력선을 따라 움직이면, 이때도 힘이 없다.

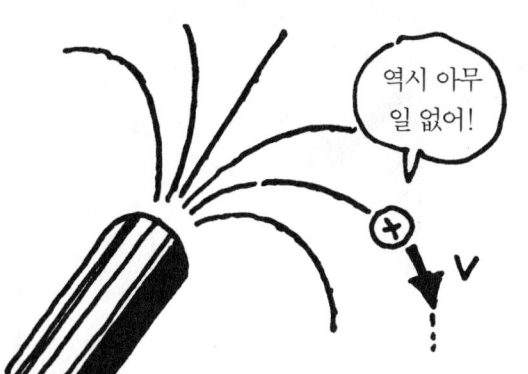

그러나 전하가 자기력선을 가로질러 움직이면, 뭔가를 느끼게 된다!

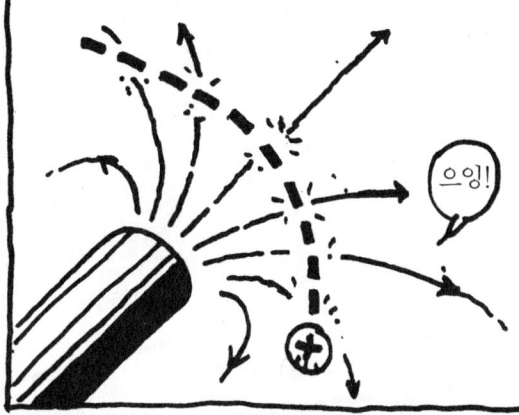

 전하에는 '측면', 즉 자기력선과 전하의 속도 방향 모두에 수직인 방향으로 힘이 작용한다.

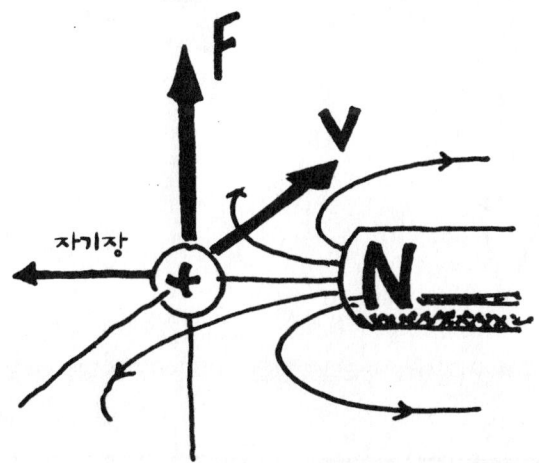

힘의 크기는 자기장의 세기와 입자의 속력에 비례한다. 아래 그림을 보자. 이 3차원의 '측면' 힘 때문에 전기장과 자기장이 훨씬 복잡하게 보인다.

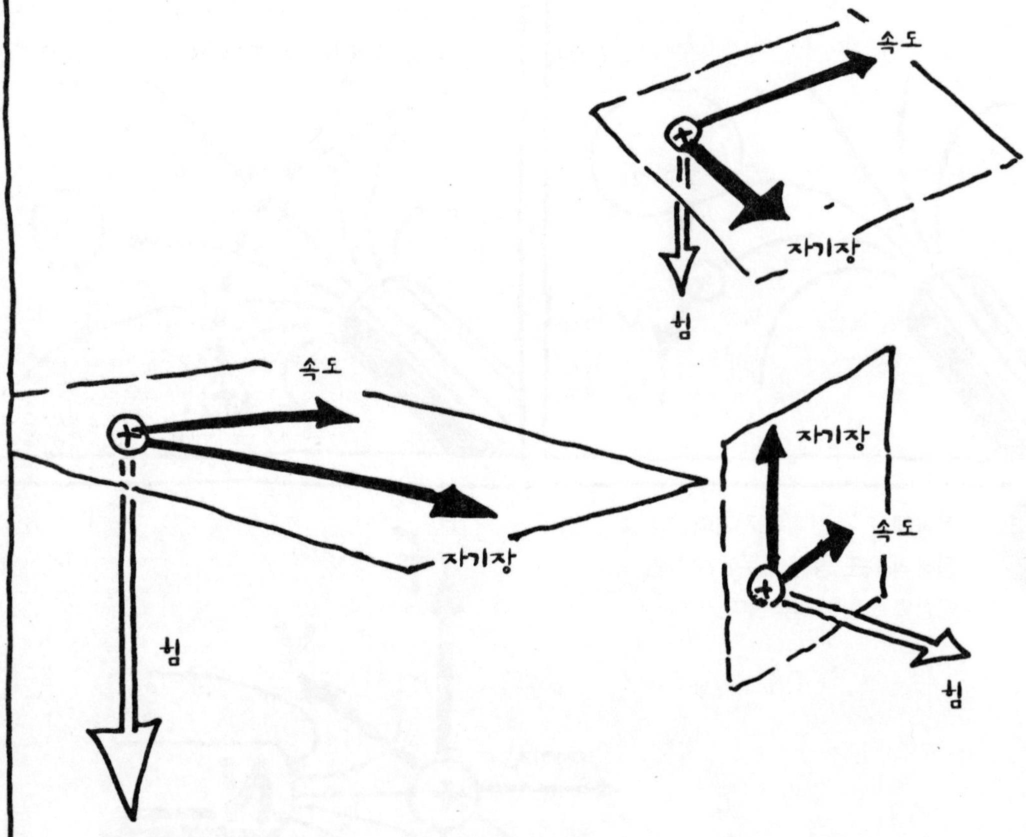

주의: 자기장과 속도의 방향은 하나의 평면을 형성한다. 힘은 그 평면에 수직이다.

자기장이 하전입자를 두 자극 사이에서 원을 그리며 돌도록 만든다고 하자.

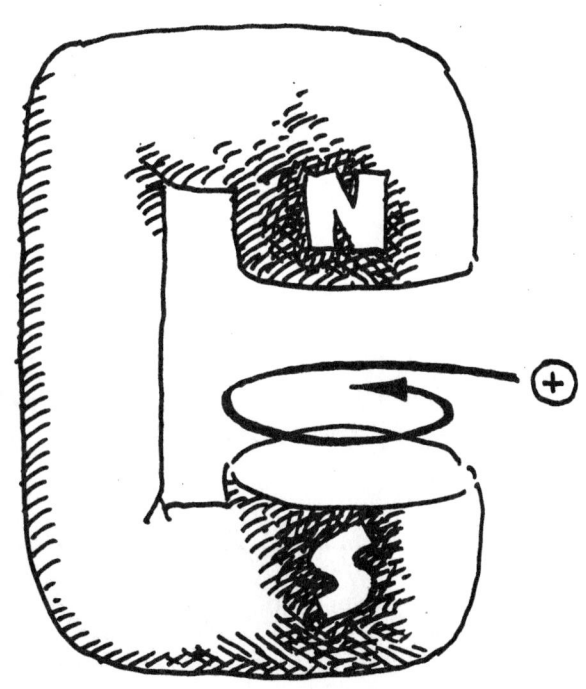

두 자극 사이의 자기장은 입자의 속도에 항상 수직이다.

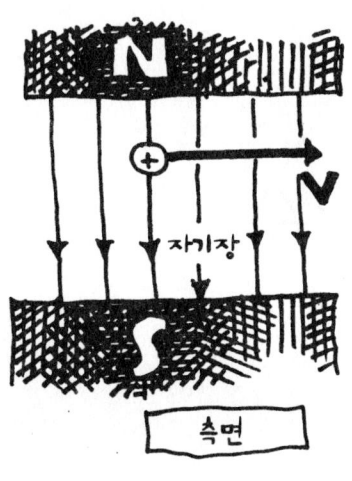

그러므로 두 개 모두에 수직인 힘은 원의 중심을 향한다!

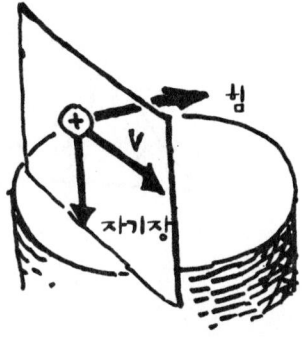

이 힘은 입자가 계속 원운동을 하도록 구심력 역할을 한다. 위에서 보면 옆 그림과 같다. 어디서 많이 본 듯하지 않은가?

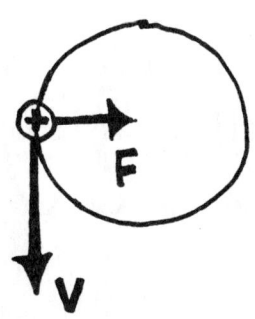

이것이 가속기와 스토리지 링의 원리이다.

자석은 움직이는 하전입자에 힘을 미치고, 에르스텟이 보여준 것처럼 움직이는 하전입자는 자기장을 만들어낸다. 그것이 에르스텟의 나침반 바늘을 움직인 것이다.

아주 간단한 예로, 나침반 바늘이 흩어져 있는 평면 속으로 전류가 흐르는 도선을 통과한다고 하자.

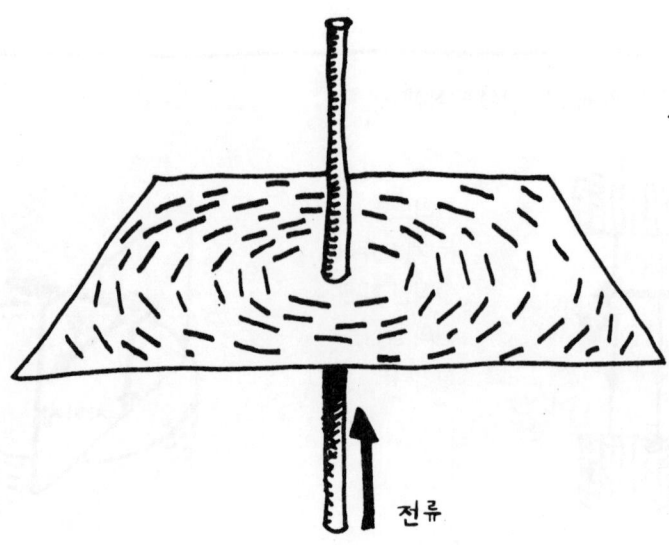

바늘들은 도선을 중심으로 원형으로 늘어선다.

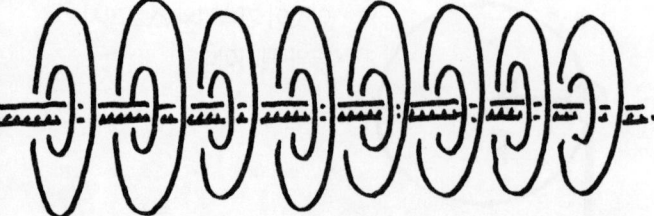

전류가 만들어내는 자기장은 도선을 중심으로 한 원의 형태이고, 도선에 수직인 평면에 놓인다.

엄지손가락이 전류의 방향을 향하도록 오른손으로 도선을 감아쥐면 자기장의 방향을 알 수 있다. 손가락을 감아쥔 방향이 바로 자기장의 방향이다.

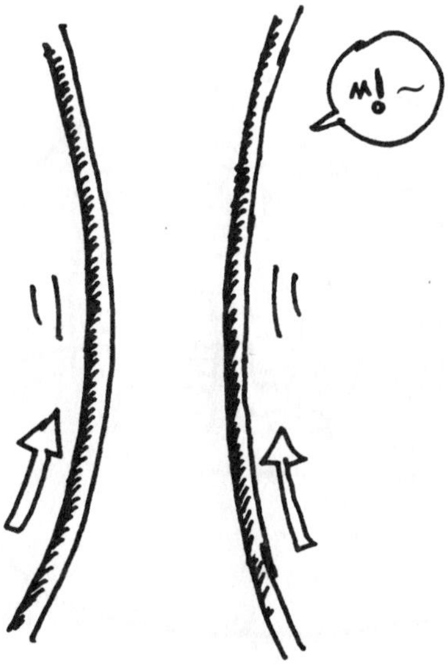

이것이 오른손 법칙이야.

> 읽을 줄 모르는 전기학자는 없는데…

> 손을 사용하는 게 쉬워요!

평행하게 흐르는 전류는 서로 끌어당기게 된다. 각 도선 주위에 만들어진 자기장이 다른 도선의 전류를 끌어당기는 것이다. 오른손 법칙을 써서 정말 그렇게 되는지 스스로 확인해보도록!

암페어, 평행한 도선 사이에 작용하는 힘 발견.

만일 전류가 흐르는 도선이 원형이라면, 아래와 같은 자기장이 생긴다.

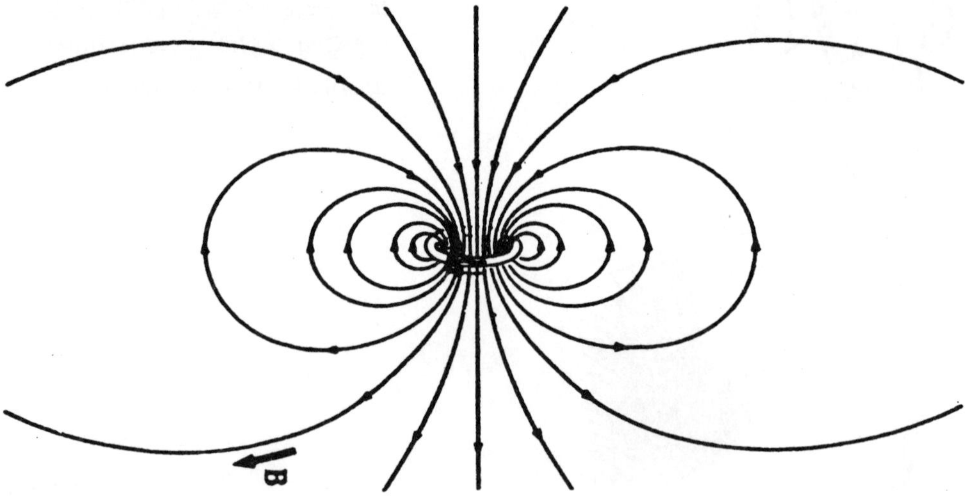

자기력선이 나오는 쪽이 **북극**이고,
자기력선이 들어가는 쪽이 **남극**이다.

도선을 여러 번 감으면 생기는
자기장도 그에 비례해서 커진다.
도선을 원통 모양으로 여러 번 감은 것을
솔레노이드 코일이라고 하는데,
막대자석과 같은 자기장을 만든다!

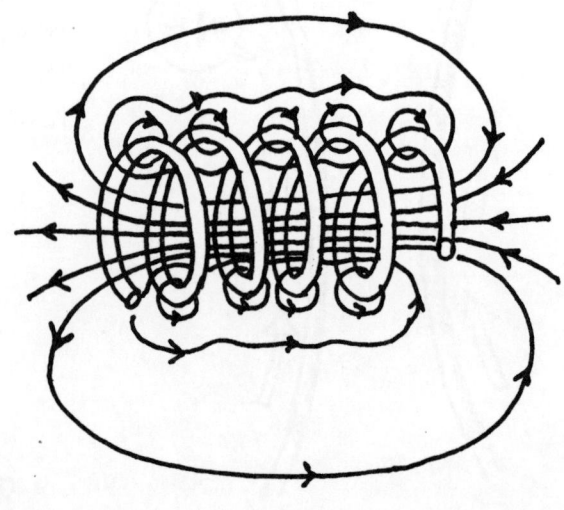

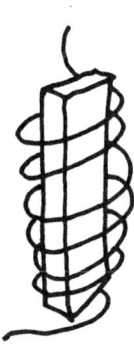
코일 속으로 쇠막대를 집어넣으면 자기장이 집중되고 강해지는데, 이것이 바로 **전자석**이다.

전기장과 자기장이 갈수록 혼돈스러울 수도 있다.
전기장과 자기장으로 가득 찬 방에 앉아 있다면,
여러분은 어떻게 그걸 느낄까?
어떻게 그 둘을 구분할 수 있을까?

사실, 방은 이미 그것들로 가득 차 있다. 지구의 자기장과 라디오의 안테나로 들어오는 전파의 전기장과 자기장이 방을 채우고 있으니까. (라디오 전파의 전기장이 안테나 속의 전하를 움직이게 하는 것이다.) 나침반이나 움직이는 전하에 작용하는 힘을 분석하면 자기장 탐지가 가능하다.

CHAPTER 18
영구자석

알려져 있는 모든 자기장은 움직이는
전하로 만든다.

그렇다면 자석의 자기장을 만들어내는 전하는 어디에 있을까? 그건 바로 자석의 원자 안에 있는
전자들이다!

원자핵 주위를 도는 전자는 작은 전류
고리와 같다. 그래서 **궤도 자기장**을
만들어내고, 전자 자체의 스핀도
스핀 자기장을 만들어낸다.

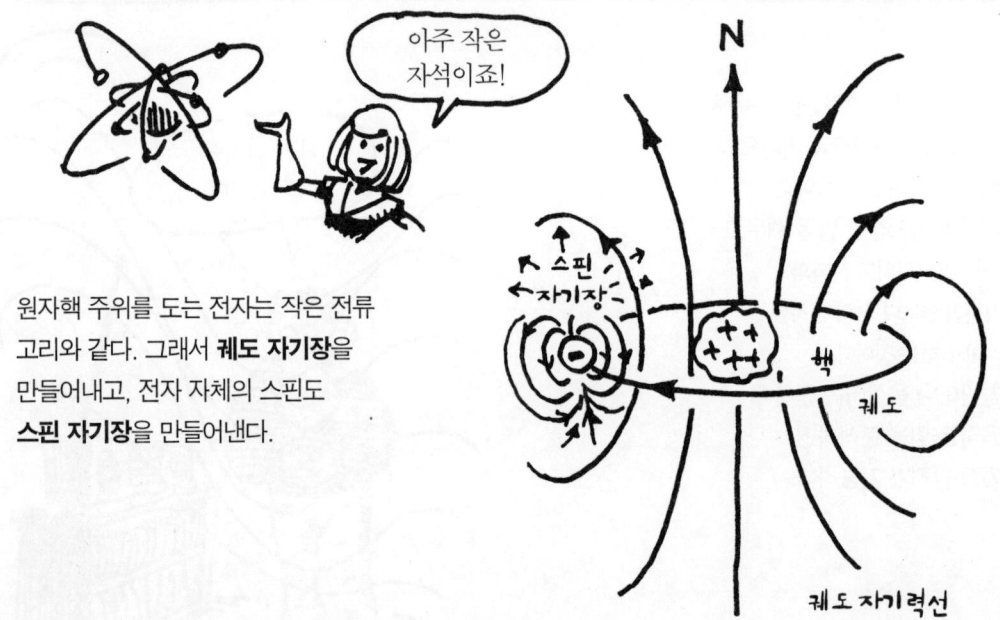

원자 속의 전자들이 갖고 있는 자기장은 대부분 다른 전자들의 자기장과 상쇄되어 버린다.

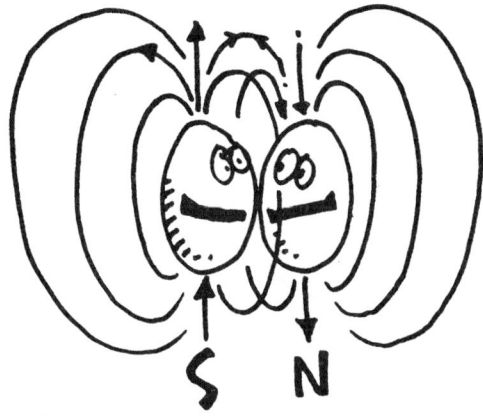

그러나 철, 니켈, 코발트 같은 자성물질 속에는 짝이 없는 전자들이 있어서 원자가 자기장을 갖는다.

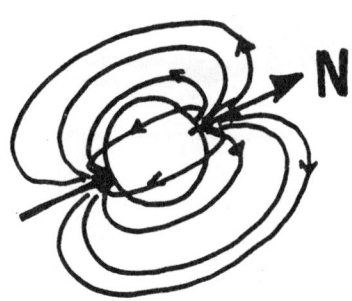

그리고 나아가

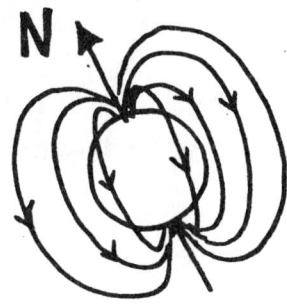

이들 '강자성' 물질 속의 원자들은 스스로 자기장이 모두 같은 방향을 가리키도록 정렬되어 있다. 그러므로 큰 자기장이 나타난다!

전자적 파시즘이군!

물질 내 자기화가 같은 미세 영역, 즉 자기구역(자구)에 있는 모든 원자는 같은 방향으로 늘어서 있지만, 자기화가 안 된 철의 경우, 각 자기구역의 방향이 제멋대로다. 철을 자기장 안에 놓으면 자기구역들이 자기장의 방향으로 늘어서서 철 전체가 자기화가 된다.

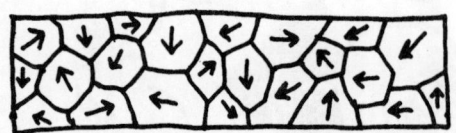
자기화가 안 된 경우

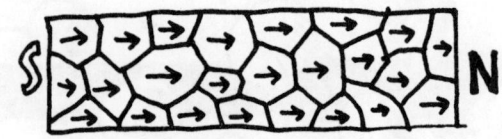
자기화가 된 경우

어떤 금속합금들은 자기화가 '어렵다.'
이들은 자기구역을 정렬하는 데 강한
외부 자기장이 필요하지만,
일단 정렬되면 오래도록 그 상태를
유지하려는 경향이 있다.
알니코 V, 니켈, 코발트, 철, 구리의 합금인
이 물질은 자기화가 매우 어렵다.
반면 순수 철은 쉽게 자기화가 되고,
외부 자기장을 제거하면 쉽게
자기화가 사라져버린다.

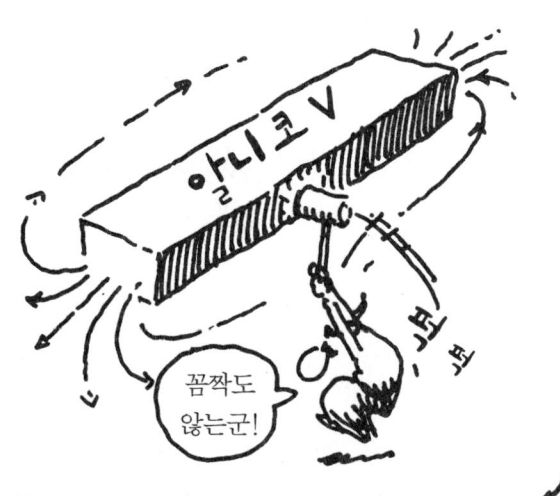

강자성은 어떤 임계온도 이하에서만 나타난다. 철의 임계온도는 섭씨 770도지만, 그 이상 열을 받으면 자성이 파괴된다.

지구의 자기는 지구핵 안에서 일어나는
전기장의 순환 때문인 것으로 추측하고 있다.
정확한 메커니즘은 미스터리로 남아 있다.
여러분은 이미 발견된 자기효과조차도
아직 만족스러울 만큼 설명되지 않은 데
대해 당연하다고 생각하는 건 아닌지…

·CHAPTER 19·
패러데이 전자기 유도

에르스텟의 발견 이후 12년 동안,
전기공학자들은 그와 상보적인 효과,
즉 자기장으로 전류를 만드는
방법을 찾기 위해 노력했다.
마침내 1832년에 마이클 패러데이가
새로운 제안을 내놓았다.

링고가 전류계에 연결된 도선 고리 속으로 자석을 밀어넣으니 전류계의 바늘이 움직였다!

자석을 가만히 들고 있으면, 전류계에는 아무런 변화가 없다.

전류를 유도하는 또 다른 방법은 도선 고리 가까이에 또 하나의 고리를 갖다놓고 스위치를 연결하는 것이다. 두번째 도선 고리의 스위치를 뗐다 붙였다 하면, 첫번째 고리에 전류 펄스가 유도된다!

그러나 두번째 고리의 전류 흐름에 변화가 없으면, 첫번째 고리에 유도되는 전류는 전혀 없다.

2번 고리에 전류가 흐른다. 그러나 1번 고리에는 없다.

에너지가 감쪽같이 공간을 가로질러 간다는 것이 신기하지 않은가?

당신이 장을 믿는다면 그렇지 않겠죠, 그건…

패러데이는 이 현상을 도선이 자기력선을 자르며 가로지를 때는 도선에 **기전력**이 발생한다고 기술했다.

줄여서 EMF라고 해!

자기장이 움직이든 도선이 움직이든 그건
중요하지 않다.

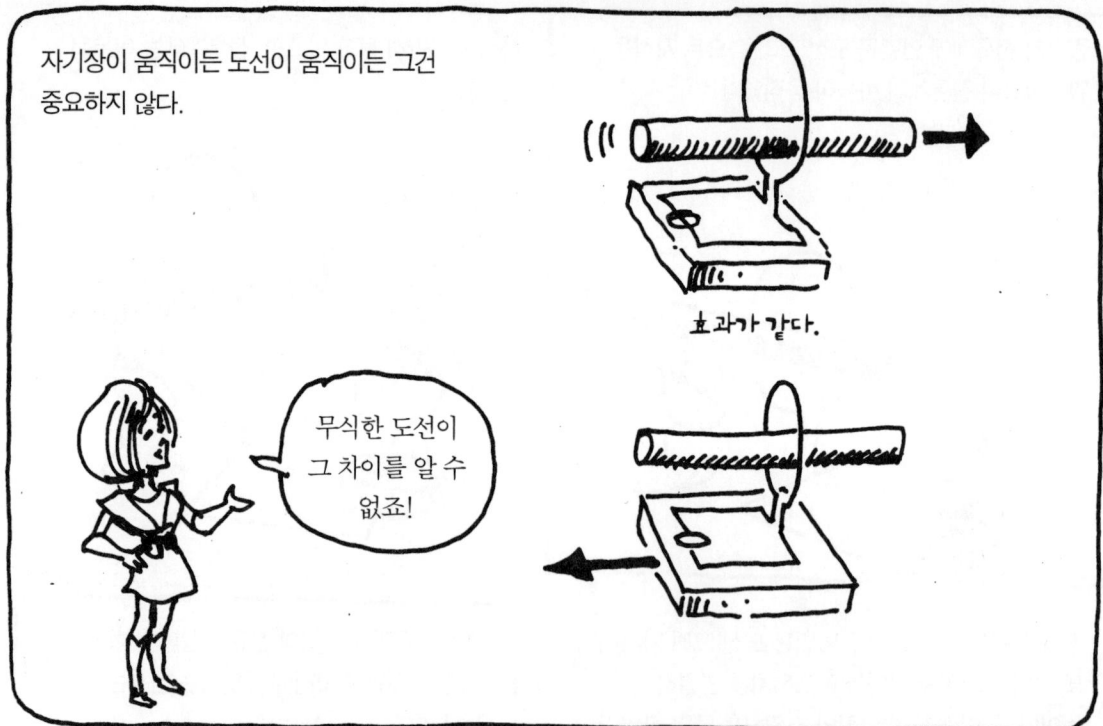

무식한 도선이 그 차이를 알 수 없죠!

효과가 같다.

도선 고리 속으로 자석을 밀어넣으면,
자기력선이 도선을 자르며 가로지르고
도선에는 전류를 일으키는 기전력이 발생한다.

도선 고리가 두 개일 때, 한쪽 도선의 스위치를 켜면
자기력선이 만들어지고, 그것이 다른 도선 고리를
자르며 가로질러 기전력을 만든다.

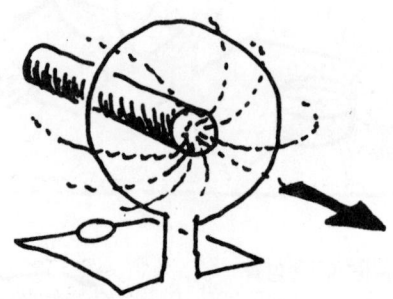

도선 고리가 자석 밖으로 움직여도
결과는 마찬가지다.

스위치를 끄면 자기력선은 도선 고리를 가로지르며
없어진다.

자석을 움직이는 데 12년이나 걸렸어?

패러데이의 발견은 당시에 관심을 끌지 못했지만, 오늘날 우리가 사용하는 모든 전기력은 거대한 코일을 자석 근처에서 움직여 만들어내는 것이다!

수력발전소가 구리선과 강철만으로 낙하하는 물로 터빈을 돌려 수백 마일 떨어진 도시들에 충분한 전기를 공급한다는 사실은 정말 놀라운 일이다!

패러데이의 실험을 좀 더 살펴보자. 자석을 도선 가까이서 움직이면 전류가 발생한다. 그렇다면 전류계의 바늘을 움직이는 에너지는 어디에서 온 걸까?

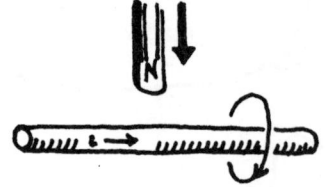

도선에 유도 전류가 흐르면, 그것은 자기장을 만든다.
이 자기장은 자석의 운동을 방해할 것이고,
그래서 자석을 움직이는 데 일이 필요한 것이다.

링고가 자석의 N극을 도선 고리 속으로 밀어넣으면, 전류는 자석을 밀어내는 자기장이 생기는 방향으로 흐른다.

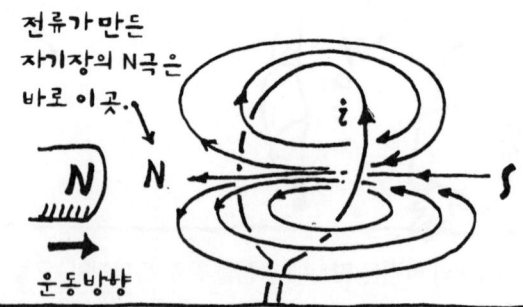

이것이 **렌츠의 법칙**이다.
즉, 유도전류는 그것을 만들어낸 변화에 반대되는 방향으로 흐른다는 것이다.

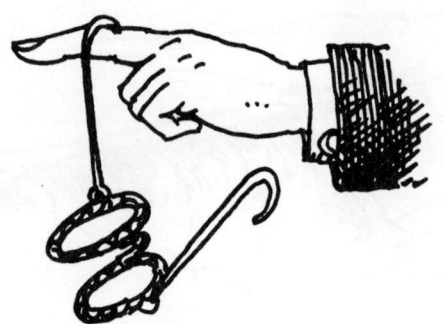

렌츠의 법칙은 에너지보존법칙의 결과이다.
그 적용 사례는 전차의 **자석 브레이크**로
알아볼 수 있다. 궤도 가까이에 전자석이
설치돼 있는데, 전자석에 흐르는 전류가 궤도에
반대 전류를 유도하여 전차의 속도를 줄이는
것이다.

패러데이의 실험을 다시 한 번 생각해보자. 내가 도선 고리를 들고 있고, 링고는 자석을 들고 있다. 내가 움직이면 전류계의 바늘도 움직인다.

이건 쉽게 이해할 것이다. 도선이 움직이면, 그 속에 있는 전하 측면으로 자기력을 받고, 그 힘 때문에 고리를 따라 돈다.

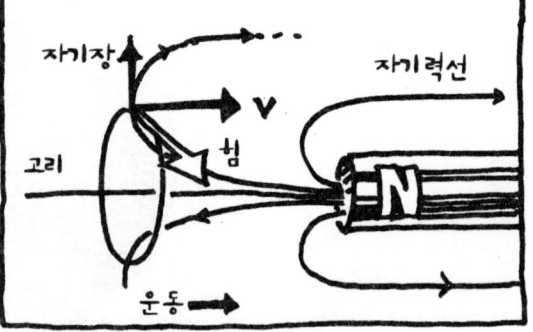

그런데 내가 서 있고 링고가 움직이면 어떻게 될까?

전류가 유도된다는 건 알지만, 어떻게? 전하가 움직이지도 않는데, 자석이 어떻게 영향을 주는 걸까?

음, 아, 어, 에, 저…

자기장과 전기장만이 전하를 움직인다면, 분명히 어떤 전기장이 있는 게 아닐까?

브라보!

링고는 아인슈타인이 깨달았던 사실을 추론해냈다. 아인슈타인은 누가 움직이느냐에 따라 때로는 자기장이, 때로는 전기장이 전류를 유도해낸다는 걸 알았다.

 자기장을 변화시키면 전기장이 만들어진다는 사실!!!

이제 다시 한 번 더 패러데이 실험을 생각해보자. 이번에는 실험장소가 **우주공간**이다.
그래서 '진짜로' 움직이는 사람이 누군지 분간할 수가 없다. 우리 두 사람은 서로 상대적으로 움직이고 있다는 사실만 알 수 있을 뿐이다.

당신이 정지해 있고 링고가 움직이고 있다고 생각해보라. 자기장이 있지만 그건 전하를 움직일 수 없으니까, 자기장의 변화로 생긴 전기장이 분명히 있다.

링고는 자신이 멈춰 있고 내가 움직인다고 생각한다. 그는 전하가 움직이기 때문에 전류가 유도된다고 생각하는 것이다.

루시는 두 개의 장을 보고

링고는 자기장만 볼 수 있다.

물리학자들은 자기장을 B로 표시한다.

어떤 장이 존재하는지에 대해 링고와 내 의견이 달라!

그리고 상대성도!

이것이 상대성이론의 특성이다. 링고와 나처럼 두 사람이 서로 상대적인 운동 중일 때, 두 사람이 관측한 핵심 물리량들이 서로 일치하지 않는다!

훨씬 간단한 예로, 전하 하나가 링고를 지나쳐서 날아간다고 하자.

링고는 움직이는 전하, 즉 전류가 자기장을 만들어내는 걸 알 수 있다. 나침반의 바늘이 움직이거든!

하지만 내가 전하와 함께 움직인다면, 내가 보기엔 전하가 정지해 있고 자기장도 없지. 내 나침반의 바늘은 변화가 없다!

마지막으로 다른 예를 하나 들어보자.
잘 봐! 내가 양손에 두 전하를 하나씩 들고
링고를 지나간다고 하자.

두 전하 사이엔 전기적 척력이 작용하지만,
링고가 보기엔 움직이는 두 전하가
평행하게 흐르는 전류이고 그 사이엔
자기적 인력이 작용할 뿐이다!

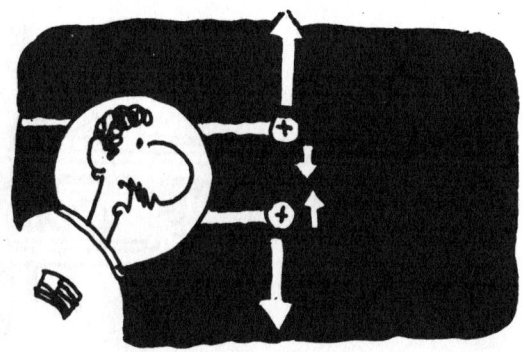

그러나 내가 보기엔 두 전하가 정지해 있고,
그 사이엔 오로지 척력밖에 없다.

이제 내가 전하들을 날아가게
놔버렸다.

그러면 이상한 일이 생긴다. 링고가 보기엔
자기적 인력이 전기적 척력을 일부 상쇄해서
서로 멀어지는 전하의 속력이 내가 관측한
값보다 더 느리다!

이해가 되나요? 나를 대상으로, 상대적 운동을
하는 링고가 측정한 전하의 속력이 내가 관측한
값보다 더 느린 것이다!

아래에 전하의 속력을 측정하는 장치가 있다.

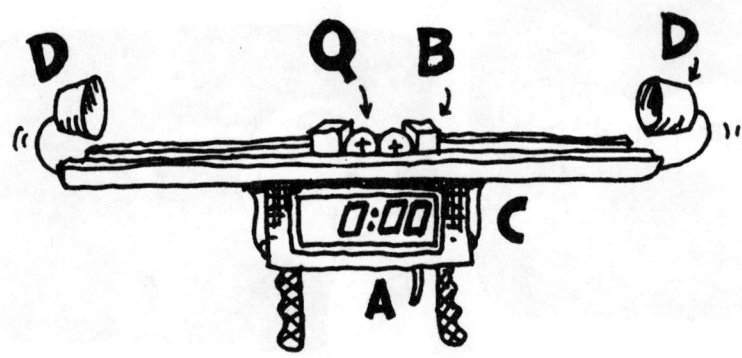

방아쇠 A를 당기면 블록 B가 풀리면서 시계 C가 작동되기 시작하고, 전하 Q가 날아가버린다. 전하가 컵 D에 부딪히면 시계는 작동을 멈춘다.

내 눈앞에 이 장치를 놓고 보면, 두 전하는 아주 빠르게, 말하자면 0.01초에 서로 반대 방향으로 날아간다.

그러나 방금 살펴보았듯이, 움직이고 있는 링고에겐 자기적 인력 때문에 전하의 속도가 느리게 보인다.

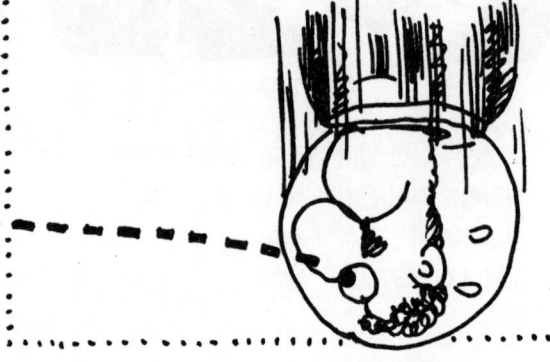

링고는 전하가 날아가는 시간은 나보다 긴 0.02초로 측정했다. 그는 자기의 시계가 0.02초 흐르는 동안 내 시계는 0.01초밖에 가지 않은 사실을 알게 된다. 결론은?

링고는 무슨 생각을 할까? 내가 그를 지나쳐 갈 때,
그는 내 시계가 0.01초 흐르는 동안
자기 시계는 두 배 빨리 가는 걸 보게 된다.
그의 결론은 오직 하나다.
그는 다음과 같은 결론을 내린다.

내가 빠르게 움직이니까 내 시계가 느려졌다고!!

아니면 내 우주복이 새든지.

이것은 상대성이론의 기묘한 결론들 중 하나일 뿐이다. 아인슈타인은 정지해 있는 관측자가 빠르게 운동 중인 물체로부터 다음과 같은 효과들을 관측할 수 있다고 한다.

* 시간이 느려진다
* 길이가 줄어든다 (운동 방향으로)
* 질량은 증가한다

바꿔 말하면

우리가 품고 있는 시간과 공간에 대한 개념은 상대적일 뿐, 절대적이지 않아!

우린 기본적인 전자기 관측 사실로부터 시간 지연 효과를 이끌어냈다. 19세기 후반 물리학자들은 이미 전자기 방정식들이 뉴턴의 역학과 일치하지 않는다는 사실을 알았고, 어떤 형태로든 방정식들을 수정해야 한다고 생각했다.

그러나 아인슈타인은 바로 공간과 시간의 개념을 수정하는 것이 해답이라는 걸 알아냈다.

CHAPTER 21
인덕터

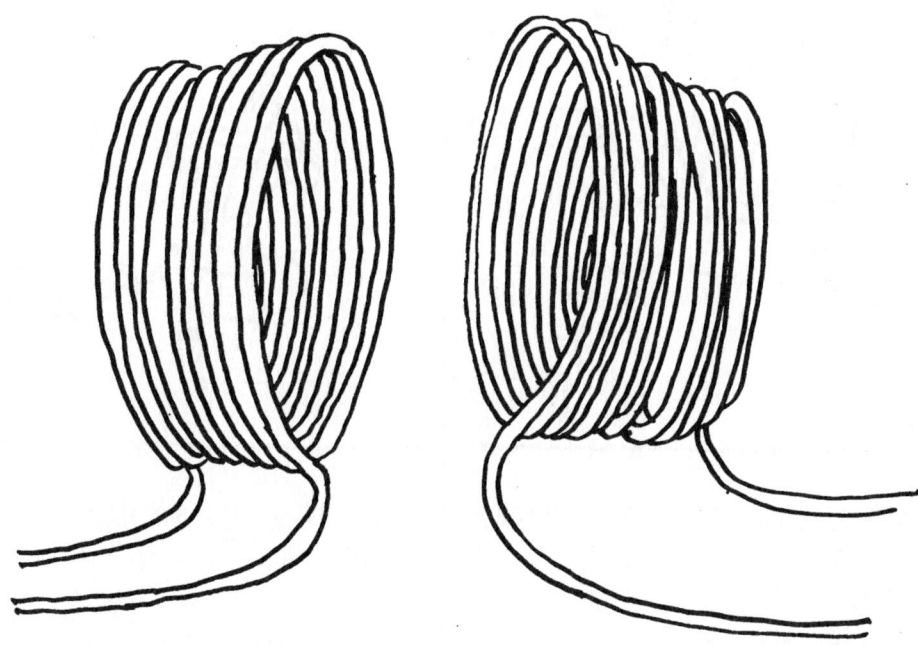

간단히 말하면 인덕터는 도선의 코일이다.
자기 효과를 높이기 위해 코일이 철심에 감긴 경우가 가끔 있다.
전기 기호는 아래와 같다.

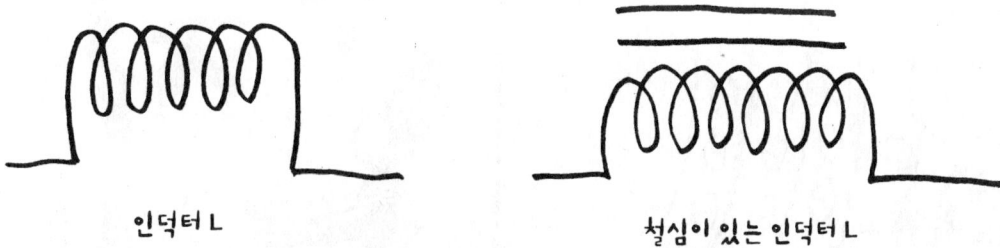

인덕터 L   철심이 있는 인덕터 L

앞에서 보았듯이, 인덕터를 통해 전류가 흐르면 그 주위에 자기장이 생긴다.

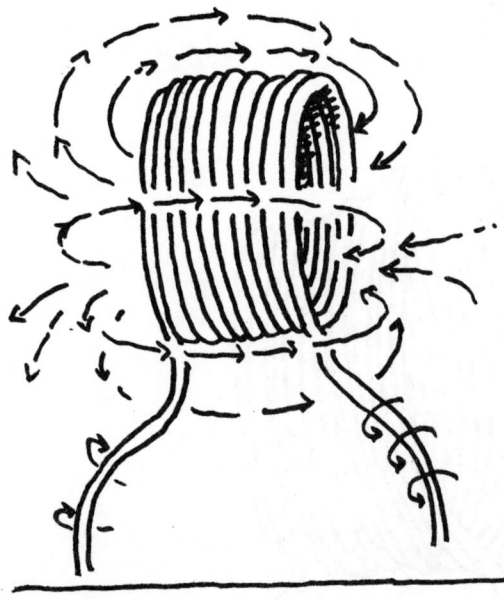

전류가 변화하면, 자기력선이 코일을 가로지르기 때문에 자체유도 효과가 발생한다.

인접한 두 코일!

렌츠의 법칙에 따라 유도된 기전력은 전류의 변화를 막는다. 여러분이 코일에 전류를 보내려면, 자체유도 기전력이 코일에 저항하기 때문에 전류가 제대로 흐르는데 시간이 걸린다. 전류를 차단하면, 자체유도 기전력은 전류를 그대로 유지하려고 한다.

그건 관성과 같아요!

이 기전력들은 수천 볼트에 이르기도 한다. 예를 들어 여러분이 스위치를 켜면 기전력이 일순간 전류를 유지하고자 스파크를 일으킬 수 있다.

뿌지직

이 효과는 자동차의 점화회로에 이용된다.

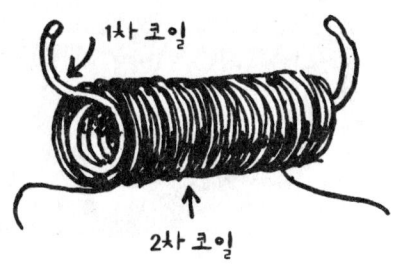

이 경우 '코일'은 권선수가 100인 중간 크기의 1차 코일과, 권선수가 수천인 더 가느다란 2차 코일로 되어 있다.
1차 코일은 12V 전지로 작동되는 '포인트'*로 제어된다.
포인트가 열리면 1차 코일의 전류가 차단되어, 자기장이 사라지면서 2차 코일에 전류가 유도된다. 권선수가 아주 많아서 유도기전력이 증폭되어 거의 **5,000V**에 이르는 순간적인 펄스가 발생하는 것이다!

배전기가 이를 점화플러그로 전달하여 스파크를 일으켜 연료를 점화시킨다. 이런 식으로 12V 전지가 고전압의 스파크로 증폭된다.

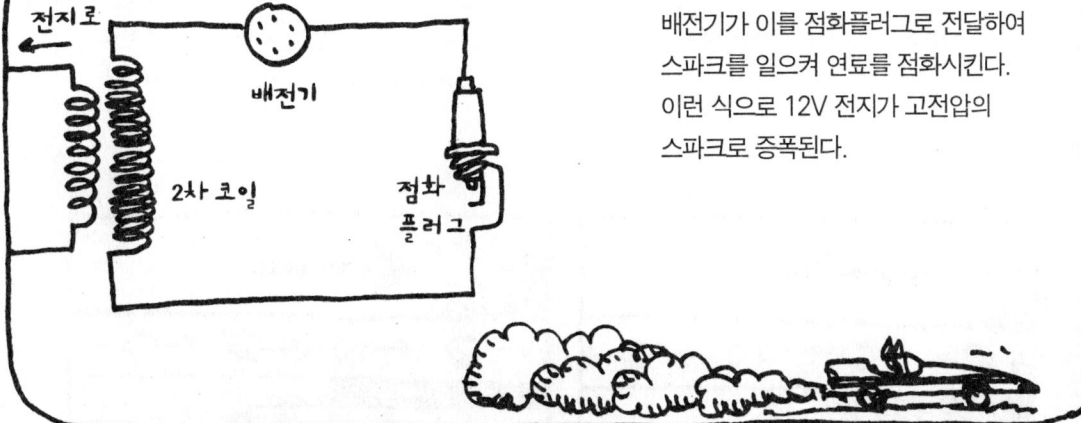

* 현대 점화시스템에서 사용되는 전자스위치.

CHAPTER 22
교류와 직류

지금까지 우린 오로지 한 방향으로 흐르는 **직류**(DC, Direct Current)에 대해서만 살펴보았다.

그러나 우리는 통상 일정하게 방향을 바꾸는 **교류**(AC, Alternating Current)를 사용한다.
여러분의 집에 있는 전선에도 교류가 흐르고 있는데, 그건 1초에 120번이나 방향이 바뀐다!

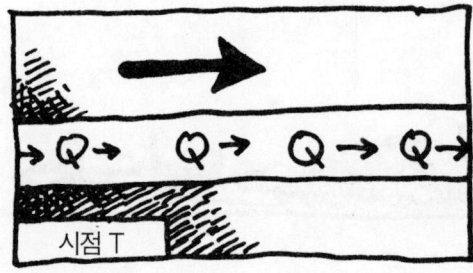
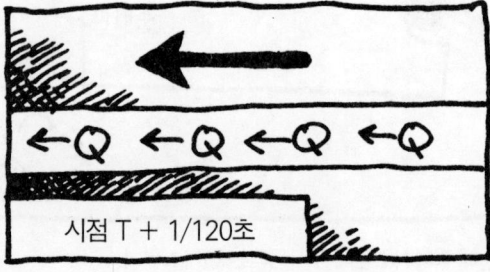

옆 그림과 같은 프로펠러 모양의 인덕터를 영구 자기장 속에서 회전시키면 교류를 만들어낼 수 있다. 인덕터가 자기력선을 가로지를 때 전류가 발생한다.

전류의 방향이 바뀌는 이유는 코일이 한 방향으로 자기력선을 가로질렀다가

반 바퀴 후에 그 반대 방향으로 가로지르기 때문이다.

이렇게 만들어진 교류는 집전고리인 '브러시'를 통해 전달된다. 지금 우리가 사용하는 전력 대부분은 이렇게 만들어진다.

우와~ 보통 힘이 아닌데.

집전고리

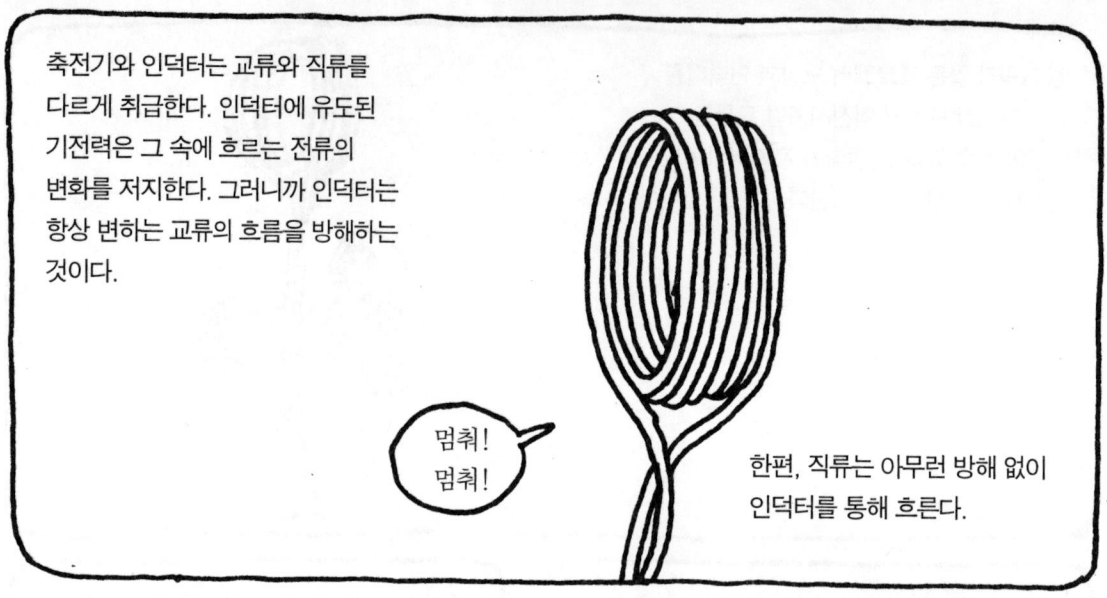

물론 직류는 극판 사이가 떨어져 있어서 축전기 속으로는 흐를 수 없다. 그러나 교류는 축전기를 '통과'한다!

그 원리는 이렇다. 전하가 앞뒤로 왔다 갔다 하니까 한 극판을 채웠다가 방전되고, 다시 반대의 전하가 그 극판을 채운다. 그래서 전류가 극판 사이의 간격을 가로질러 나타난다.

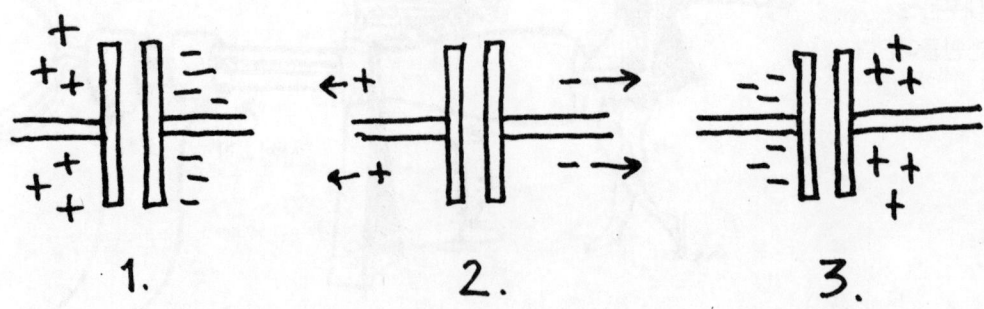

교류에 대한 인덕터의
저항은 일종의 관성을 갖는다.
사실 인덕터는 질량과
유사한 전기 개념이라고
볼 수 있다.

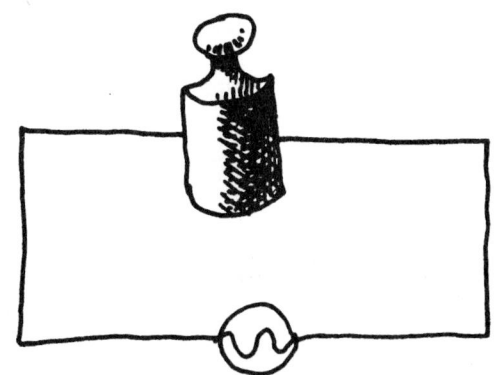

인덕터가 질량과 같다면, 축전기는 스프링과 같다.
이미 하전된 극판에 전하를 계속 보내면, 스프링처럼 밀어내니까.

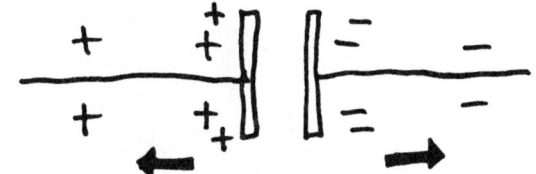

축전기는 추가되는
전하를 밀어낸다.

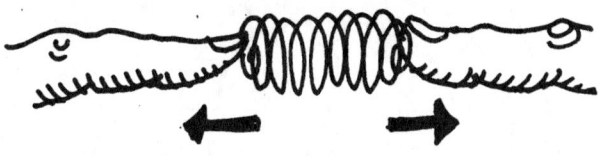

스프링을 더 누르면
밀어낸다.

교류회로에 인덕터와
축전기를 연결하면,
스프링에 질량을
매단 것과 같은
전기장치가 된다!

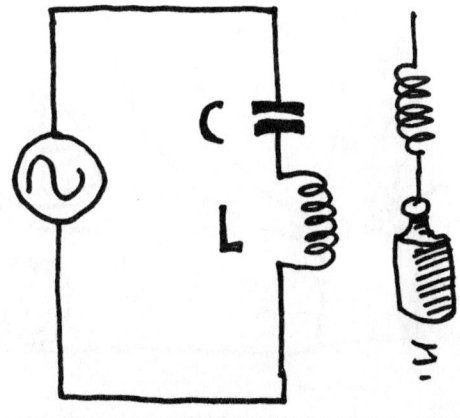

스프링에 매단 질량과 마찬가지로, **LC** 회로도 특정('공조') 주파수로 진동하는 경향이 있다.

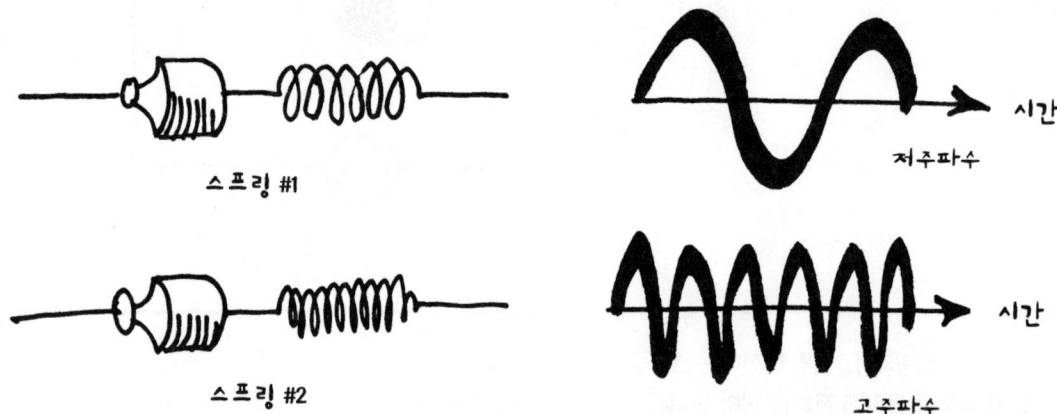

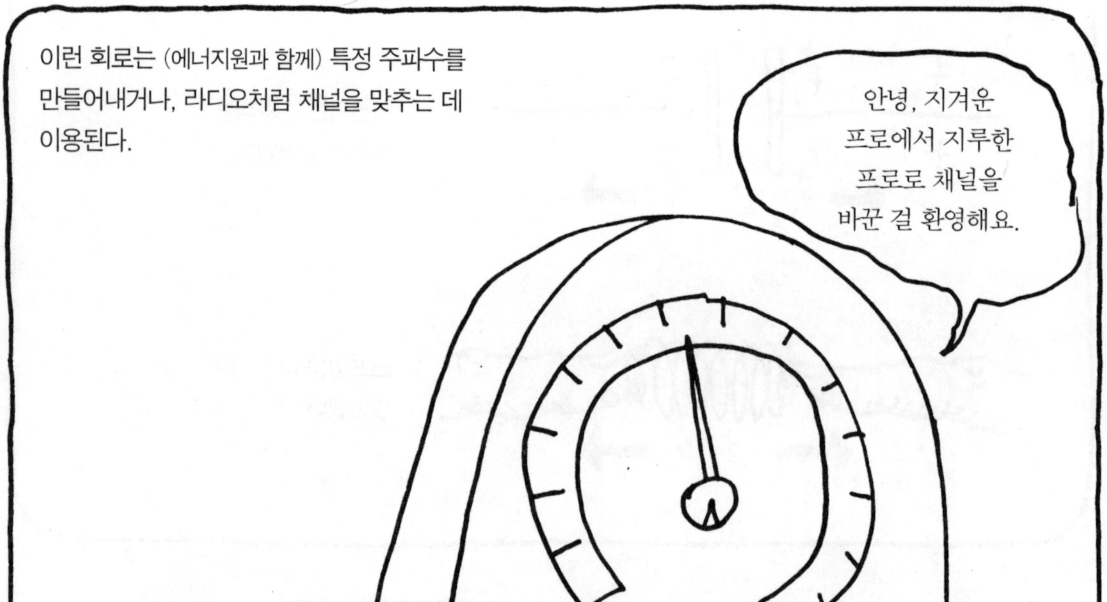

스프링 #1

스프링 #2

저주파수

고주파수

시간

이런 회로는 (에너지원과 함께) 특정 주파수를 만들어내거나, 라디오처럼 채널을 맞추는 데 이용된다.

안녕, 지겨운 프로에서 지루한 프로로 채널을 바꾼 걸 환영해요.

패러데이 실험(또는 시동기가 달린 자동차)에서 사용된 두 개의 유도 코일을 떠올려보라. #1 코일의 전류가 변할 때만 #1 코일에 전류가 유도된다. 변화하는 전류만이 전류를 유도할 수 있었다.
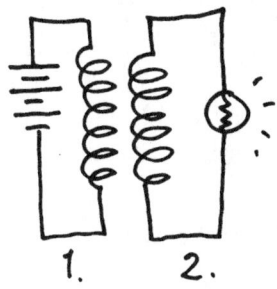

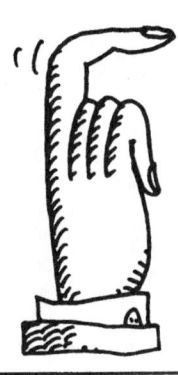

중요한 건 바로 유도전압은 **권수비**에 비례한다는 사실이다.
#1 코일보다 #2 코일의 권선수가 많으면, #2 코일에 더 큰 전압이 유도된다!
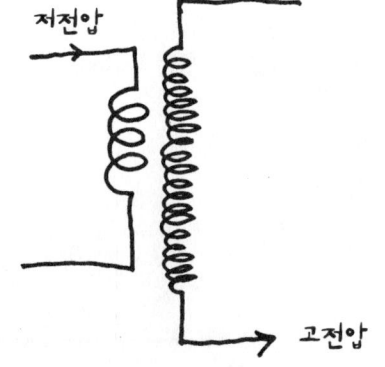

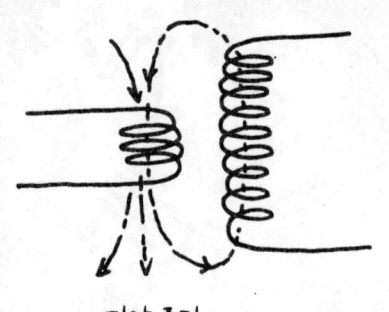

이건 이해하기가 쉽다. 변하는 자기력선이 자르는 2차측 코일의 권선수가 많을수록 유도되는 기전력도 커진다.
즉,

N_P = 1차측의 권선수

N_S = 2차측의 권선수

$$V_{OUT} = \frac{N_S}{N_P} V_{IN}$$

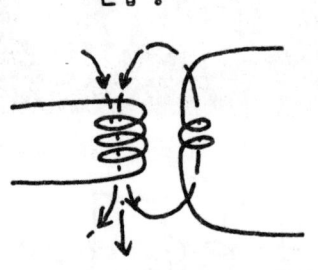

전압 증가

전압 감소

전압을 상승 또는 감소하는 장치를

변압기 라고 한다.

기호는 아래와 같다.

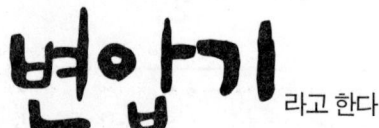

교류에만 작동된다.

> 더 큰 전압? 무에서 유를 창조해?

변압기는 전압을 증가 또는 감소시킨다. 그렇지만 무에서 유를 창조할 수는 없다. 2차측 코일에서 나오는 일률은 1차측에 투입한 일률보다 커질 수 없다. 바꿔 말하면 전압이 증가하면 전류가 감소한다.

$$P_{OUT} = V_{OUT} i_{OUT} \leq P_{IN} = V_{IN} i_{IN}$$

> 에너지 보존? 맞아!

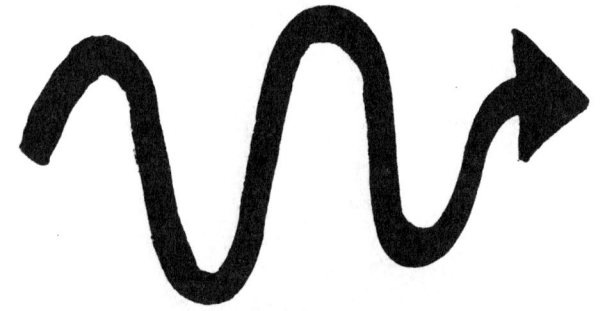

교류의 이점은 바로 전압을 쉽게 증가 또는 감소시킨다는 점이다.

특히 이것은 발전소와 소비자 간에 아주 중요한 문제이기도 하다.

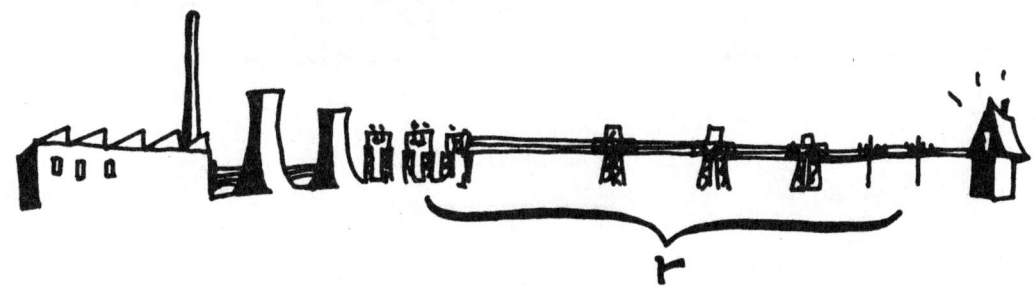

송전선의 저항이 r 이라면, 송전선을 따라 $V=ir$ 의 전압이 떨어지고 $P=iV=i^2r$ 의 에너지 손실이 생긴다. 전류가 크면 에너지 손실이 엄청나다.

그러니까 변압기가 필요해!

발전소에서 고전압(10만V 이상!)으로 바꾸면 송전선에 흐르는 전류가 작아져 에너지 손실을 최소화할 수 있다.
그리고 소비자는 220 또는 110V의 안전한 전압으로 낮추어 사용하게 된다.

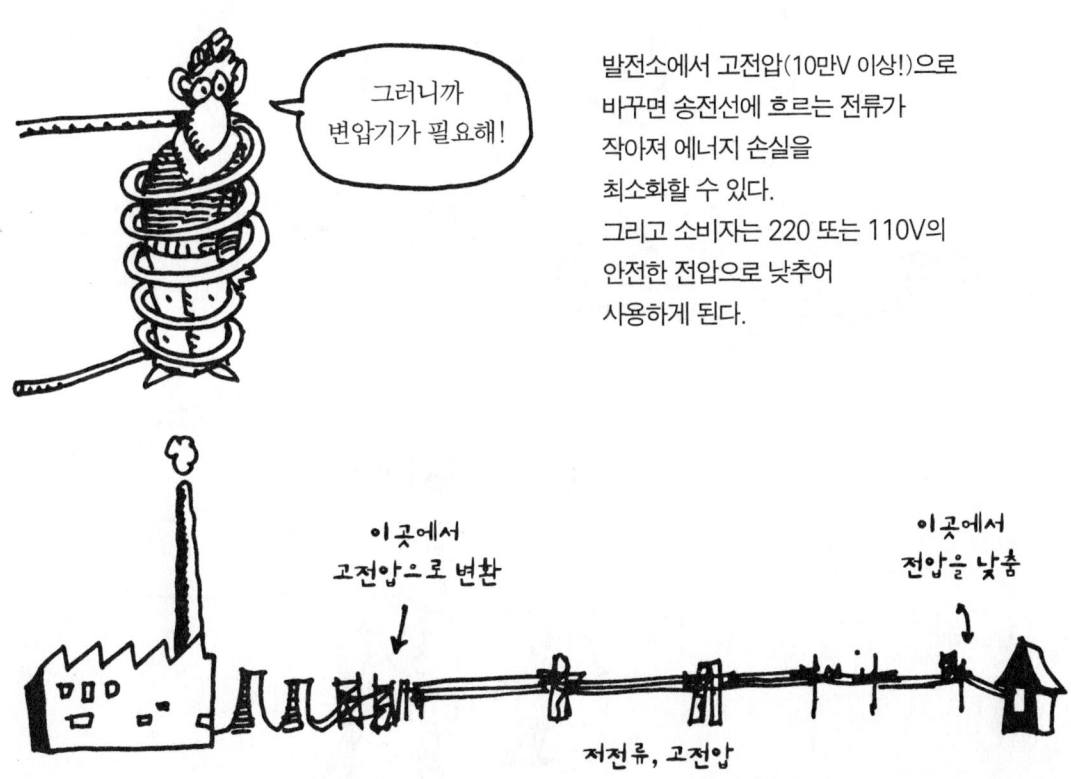

이곳에서 고전압으로 변환

이곳에서 전압을 낮춤

저전류, 고전압

우리의 거대한 전력시스템은 모두 보잘것없는 변압기 덕분이다.

초전도체와 고도의 직류 전압 변압기술의 발명으로 수십 년 내에 직류 전력선로가 출현할 수도 있다.

◇CHAPTER 23◇
맥스웰 방정식과 빛

전문용어로 말하자면, 전기장과 자기장은 **벡터장**이다.
장 안의 모든 점에서 크기와 방향을 갖는다. 벡터장을 기술하려면,
장이 어떻게 **발산**(다이버전스)하는지, 어떻게 **회전**(컬)하는지
구체적으로 알아야 한다. (다이버전스와 컬은 수학용어다.)

1873년 **제임스 클라크 맥스웰**은 전기장과
자기장의 회전과 발산을 기술하는 네 개의 방정식을 만들었다.

맥스웰
(1831~1879)

맥스웰의 첫번째 방정식은 가우스의 법칙이다. 전기력선은 양전하에서 발산하고 음전하로 수렴한다.

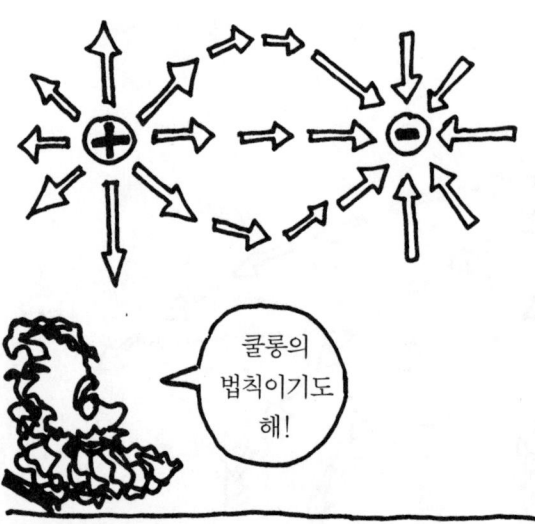

쿨롱의 법칙이기도 해!

두번째 방정식은 패러데이의 법칙이다. 전기력선은 세기가 변하는 자기장 주위로 **회전**하고 자기장의 세기가 변하면 전기장이 유도된다.

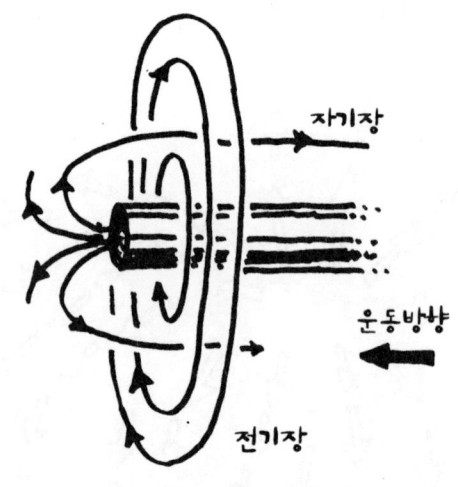

세번째 방정식은 자기장이 발산도 수렴도 하지 않는다. 항상 폐곡선의 형태이다.

자석 속을 통과해서!

마지막으로, 네번째 방정식은 자기력선이 전기장 주위로 회전한다. 우리는 이미 전류 주위에 **회전**하는 자기장이 생기는 걸 보았다.

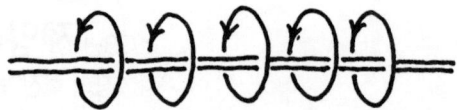

바로 여기서 맥스웰은 중요한 영감이 떠올랐다!

알다시피 방정식들은 다른 사람들이 발견한 법칙들을 식으로 나타낸 것이다. 그러나 맥스웰의 천재성은 #4 법칙이 미완성이란 걸 놓치지 않았다.

하전된 축전기를 생각해보자. 축전기로 전류가 흐르면, 자기장이 도선을 감싸고 돈다. 그런데 극판 사이에서는 어떨까?

여기엔 자기장이 없을까?

전류가 멈춘 곳에서는 자기장도 갑자기 없어질까? 맥스웰은 다음과 같이 말했다.

자연은 불연속을 싫어한다고 맥스웰은 생각했다. 그는 또한 자기장의 변화가 전기장을 유도한다면(패러데이), 마찬가지로 전기장의 변화도 자기장을 유도할 수 있다고 추론했다. 물론 그런 증거는 없었지만…

그래서 맥스웰은 네번째 방정식에 변하는 전기장 주위에 자기장이 **회전**한다는 의미의 항을 추가했다. 이 항에 따라 전기장이 있으면 축전기의 극판 사이에 자기장이 만들어진다.

몇 년 후, 이러한 자기장이 발견됐다.

다음은 완전한 수학 형태로 표현한
맥스웰 방정식 이다.
이 방식을 보고 여러분이 겁먹는 건 아닌지 모르겠군!

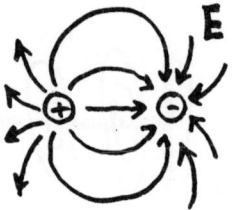

$$\nabla \cdot E = 4\pi \rho$$

(ρ, 그리스 문자 '로(RHO)'=전하밀도 E=전기장)은 E가 양전하에서 밖으로 발산하고 음전하로 들어간다는 의미이다.

$$\nabla \times E = -\frac{1}{c}\frac{dB}{dt}$$

(B=자기장)은 E가 변화하는 자기장 B주위를 회전한다는 의미다(C=빛의 속도).

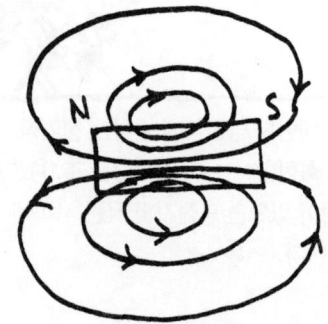

$$\nabla \cdot B = 0$$

B는 절대 발산하지 않고, 항상 폐곡선을 이룬다는 뜻이다.

$$\nabla \times B = \frac{4\pi}{c}J + \frac{1}{c}\frac{dE}{dt}$$

B가 전류(J=전류밀도)와 변화하는 E주위를 회전한다는 뜻이다.

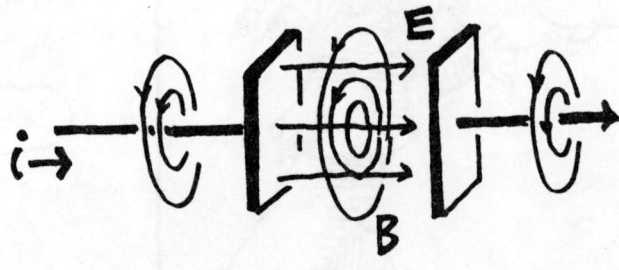

맥스웰의 네번째 방정식에 추가된
작은 항은 뜻밖의 수확이었다.

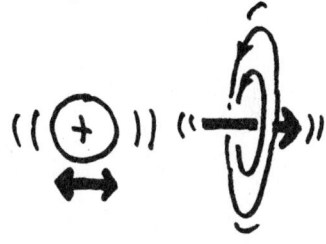

진동하고 있는 전하가 있다고 하자.
진동하는 전하 근처의 공간에서는
전하의 전기장이 변해서 그 주위를
회전하는 자기장이 유도된다.

그러나 자기장 역시 변한다.
그래서 또 전기장이 유도되고,
이것은 또다시 자기장을
유도하고…
등등!

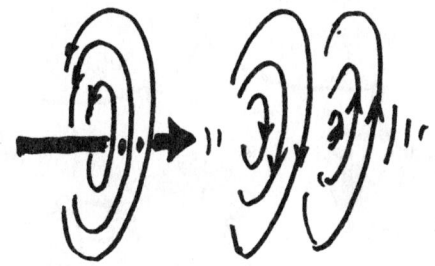

결과적으로 진동하는
전하에서 장들의
파동이 퍼져나간다.
맥스웰의 계산대로라면
빛의 속도야!

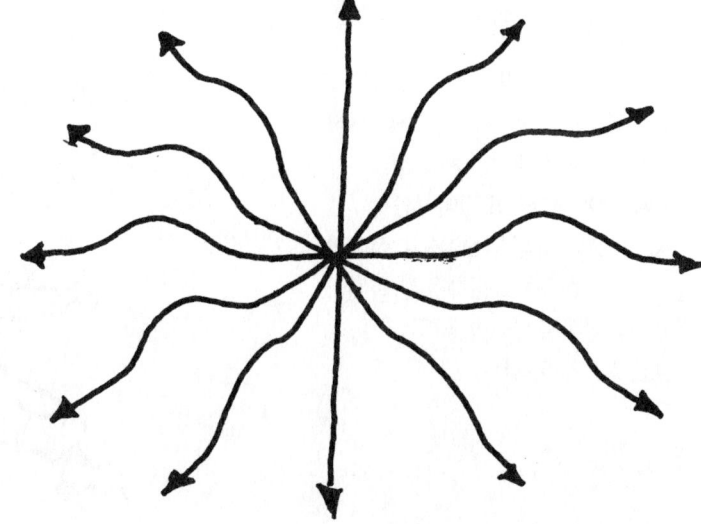

맥스웰의 머릿속에 영감이 번쩍였다! 그는 빛 자체가 **전자기파**라는 가설을 세웠다.

그 후 곧바로 헤르츠와 몇몇 사람들이 흔들거리는 전하로부터 긴 파장의 전자기파를 만들어냈다. 그리고 멀리 떨어진 곳에서 그것을 탐지해내는 데 성공했다.

머지않아 전자기파의 스펙트럼이 전부 발견됐다. 라디오 전파에서부터 마이크로파, 적외선, 가시광선, 자외선, X선 그리고 감마선까지. 맥스웰은 네 개의 방정식으로 전기와 자기현상을 모두 표현했을 뿐 아니라, 빛과 광학까지 완성한 거야! 정말 멋진 일이야!!

CHAPTER 24
양자 전기동역학

이제 전하의 '진짜 정체'를 밝혀보자.

불가사의해. 그 정체가…

우리는 전자기이론이 이미 상대성을
포함한다는 걸 앞에서 보았다.
여기에 양자역학을 추가하면
이게 바로

양자 전기동역학(QED).

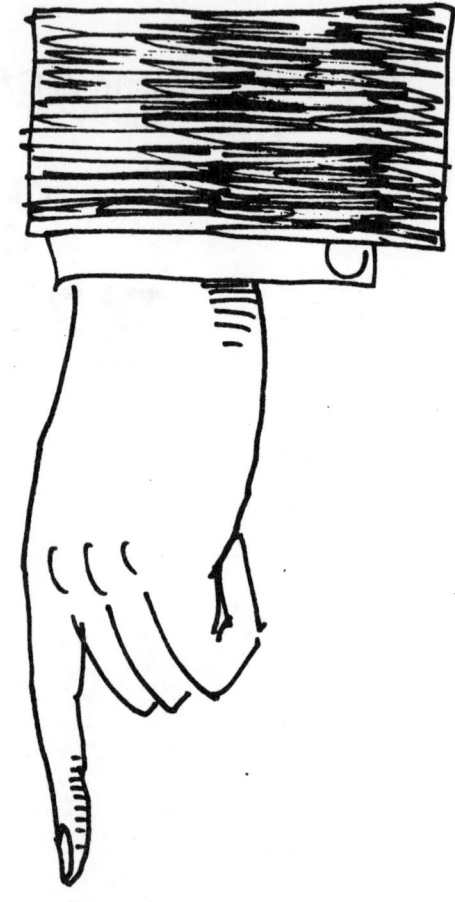

한번 설명해봐!

이걸 알아보려면, 먼저 양자역학을
알아야 한다. 양자역학은 현재 세계를
설명하는 데 사용되는 기묘한 물리체계이다.
예를 들어보자.

* **빛**은 질량이 없는 광자라는 입자로
되어 있다. 입자는 파동처럼
움직이기에 가능하다.

* **자연**은 본래부터 불확정적이다.
특히 어떤 입자의 운동량과
위치를 동시에 정확하게 정하는
것은 불가능하다.

자, 서로 밀어내는 두 개의 양전하가 있다고 하자. 전기력이 어떻게 공간을 가로질러 서로에게 영향을 미칠까?

양자전기동역학에서는 전하들 사이에 입자인 **광자**(빛의 입자)들이 왔다 갔다 하면서 힘이 유발된다고 한다. 광자들은 에너지는 갖고 있지만 질량이 없기 때문에 빛의 속도로 달린다.

기묘한 것은 광자들이 우리가 눈으로 볼 수 있는 그런 '실제' 입자가 아니라 가상의 입자라는 사실이다. 에너지보존법칙을 위반하는 일종의 유령 입자이고, 한시적으로만 '존재'한다.

힘은 본질적으로 양자역학의 개념이지만, 고전역학적 비유로 설명할 수 있다. 전하가 광자 하나를 내던지면 전하는 약간 뒤로 밀려난다. 그 광자를 받는 다른 전하도 약간 밀려난다. 두 전하가 수많은 광자를 서로 주고받으면 결국 그것이 척력이 된다!

'가상의' 광자들은 어떤가? 전하 하나만 있어도 구름같이 광자들이 전하를 둘러싼다. 전하는 끊임없이 광자들을 만들어내고, 방출하고, 흡수한다.

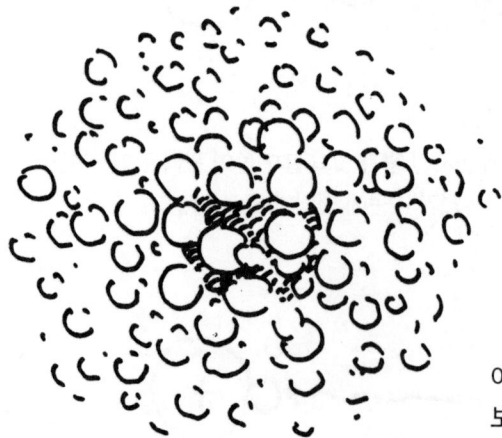

이것이 바로 QED가 보여주는 모습이야!

전하는 바로 가상의 광자들을 만들어내는 능력이야!

* * * * * * * * *
그리고 전기장은 가상의 광자구름과 다를 바 없고!
* * * * * * * * * *

물론 가장 궁금한 것은 광자들의 '출처'다. 즉, 광자 하나가 생기면 이전보다 총에너지가 증가한다. 입자들이 갖고 있던 에너지에 광자의 에너지가 더해지니까.

말도 안 돼!

바로 여기에서 양자적 불확정성이 나온다.

불확정성 원리의 다른 의미는 에너지와 시간을 동시에 정확하게 결정할 수 없다는 사실이다.

이것은 에너지의 균형이 무너질 수 있다는 의미이다. 물론 한 시점에서만 그렇다는 것이다. 시간이 아주 짧으면 에너지 결손이 크고, 시간이 길면 에너지 결손은 작다. (수학적으로 표현하면 $\triangle E \cdot \triangle t \geq h$가 된다. 에너지와 시간의 불확실성을 곱한 값은 어떤 작은 수 h보다 작을 수 없다는 뜻이다.)

다시 말하면, 아주 큰 에너지를 가진 강하게 방출된 광자는 빛의 속도로 달리더라도 그리 멀리 가지 못한다. 에너지의 균형을 맞추려면 재빨리 다시 흡수되어야 하니까.

반면, 에너지가 낮은 광자는 더 멀리 갈 수 있다.

에너지의 작은 위반은 더 오래 참을 수 있다.

바로 이런 이유로 전기장은 거리가 멀수록 약해진다!

큰 에너지를 가진 광자는 멀리까지 에너지를 전달할 수가 없다. 수학적으로 계산하면, 낯익은 고전물리학의 역제곱법칙을 얻을 수 있다. 광자의 에너지에 최소한계는 없다. 아주 작은 에너지를 가진 광자는 몇 년이라도 존재할 수 있고, 몇 광년을 여행할 수도 있다. 전기력이 미치는 범위는 한계가 없지!

가상의 광자를 확인할 방법이 있다! 가상의 광자 구름 속에 전하가 있다고 하자.

그 전하를 다른 입자로 때려서 광자들에서 빠져나오게 만든다고 하자.

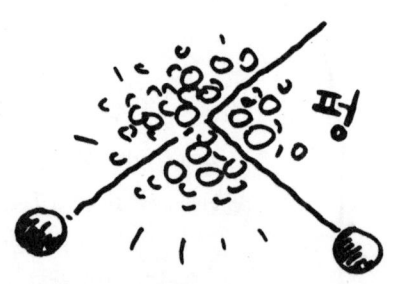

광자들은 다시 흡수될 전하를 잃어버리고 고아 신세가 된다!

그래서 광자들은 충돌할 때 얻은 에너지로 멀리 날아가는 것처럼 보이는 것이다.

 전하를 흔들거나 옮기면, 실제 광자들이 날아 나온다!

이것이 X선의 원리다. 중금속에 전자를 쏘면, 전자는 이리저리 충돌하다가 멈추고, 그 전자들의 가상 광자들이 X선으로 나오게 된다.

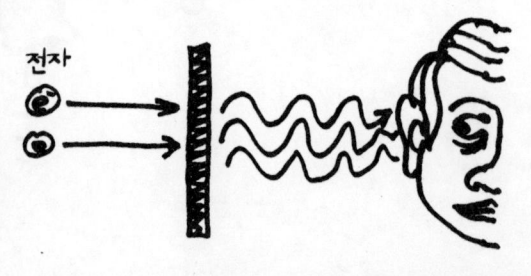

그리고 이 X선은 말할 필요도 없이 실재한다!

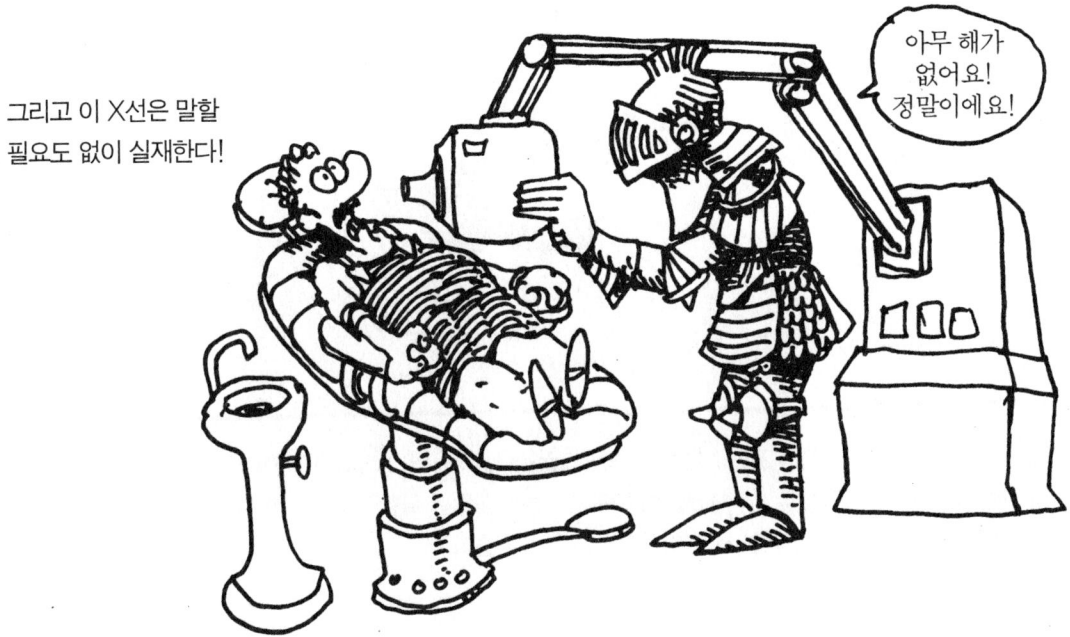

광자들이 꼭 X선일 필요는 없다. 라디오 발신기는 전자들을 흔들어서 광자들을 떨어내고 그 전파가 여러분의 수신기에 잡힌다. 전구 속의 뜨거운 필라멘트에 있는 전자들은 가시광선의 광자들을 내보낸다. 이미 고전이론에서 보았듯이, 전하가 가속될 때는 항상 전자기파가 나오는데, 이건 가상 광자가 실재화한 것이다. 우리가 아는 방사체들 대부분은 이처럼 전하들을 둘러싸고 있는 가상 광자의 구름에서 광자들을 떨어낸다.

양자이론이 이미 알고 있는 사실만 예견한다면, 그리 흥분할 만한 것도 못 된다. 하지만 양자이론에는 그 이상의 것이 있다. 바로 새로운 결과들을 예견한다.

예를 들면, 양자이론은 작지만 고전이론의 모순을 드러낸다. 아주 짧은 거리에서 역제곱법칙은 성립되지 않는다는 것, 전자의 자기장의 차이 등등. 이러한 결과들은 정밀한 실험을 통해 확인되었다. 이제 양자이론이 전자기력에 대한 옳은 이론이라는 확신을 준다.

광자와 같은 '입자 교환'으로 힘이 옮겨진다는 아이디어는 물리학 전반에 퍼져나갔다. 물리학자들의 모토는 아래와 같다.

원자핵 속에 양성자들을 묶어두는 강한 핵력은 중간자라는 입자의 교환으로 기술된다. 약한 핵력은 광자의 '형제' 입자들을 통해 옮겨진다고 이론화되고, 실제로 입자들이 발견되어 전자기력과 통합되었다.

중성자와 양성자를 구성하는 쿼크들 간의 힘 또한 **글루온**이라는 입자들의 교환으로 기술된다.

아, 중력… 중력도 중력자들의 교환 때문에 생기는 게 분명하다. 그러나 가까운 장래에 중력자가 발견되기를 기대하기는 어렵다. 중력은 너무 약하므로. 달이나 행성 정도가 되어야 적용할 만한 크기의 힘을 뿜어낼 수 있다. 하지만 우린 중력자가 '존재' 한다고 확신한다.

중력자
(확대한 그림)

물리학자들은 여전히 자연의 모든 힘은 입자들의 교환에서 비롯된다고 믿는다. 우린 이 입자들을 상호 관련시켜 모든 힘을 통일적으로 기술하는 몇 개의 법칙들을 찾아내고, 그것을 통해 만물을 기술하기를 희망한다.

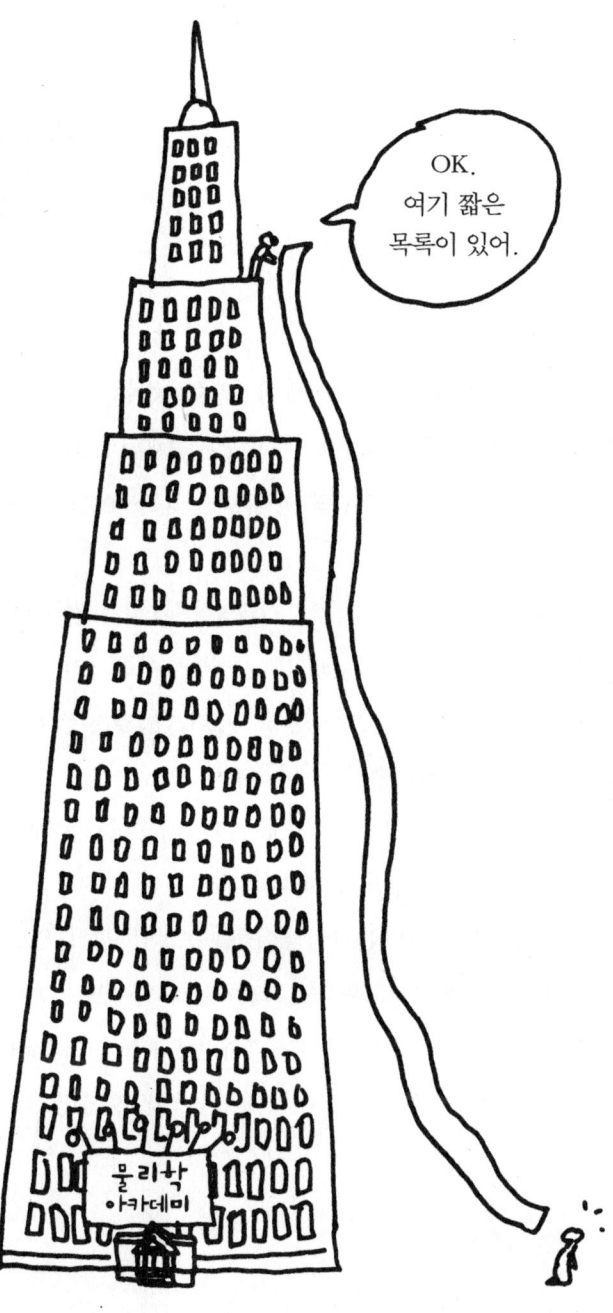

옮긴이의 말

많은 학생들이 물리학을 어려워한다. 대부분 물리학에 어려운 수학이 수반되기 때문에 그렇게 느낄 것이다. 또 하나 20세기 초 아인슈타인을 비롯한 수많은 천재들이 선보인 혁명적으로 발전된 상대성이론과 양자역학의 새로운 개념이 고전물리학과는 그 차원이 다르기 때문이기도 하다.

이 책은 고전물리학의 역학과 전자기학을 중심으로 상대성이론과 양자 전자기학, 물리학의 미래까지 다루는 동시에 재미있는 예를 들어 물리학의 개념들을 아주 쉽게 설명하고 있다. 특히 전자기 부분은 역사적인 이야기를 곁들여 이해를 도우며, 맥스웰 방정식 같은 어려운 수식들도 실례를 통해 그 숨은 의미를 알기 쉽게 풀이하였다.

저자는 수학을 전공했음에도 대학 시절에 물리를 공부하는 데 어려움을 겪었다고 한다. 아마도 그 경험이 이 책을 쓰는 데 많은 영향을 끼쳤을 법하다.

이 글을 옮긴 역자 역시 물리를 어려워하는 중학생 아들을 두고 있다. 때문에 번역을 하는 동안 아이의 입장에서 생각하고 글을 옮기려 애썼다. 그것이 물리학을 되도록 재미있고 쉽게 설명하려는 저자의 의도에 충실한 번역이 되리라 생각하면서. 모쪼록 이 책이 물리학을 어렵다고만 생각하는 독자들에게 관심과 흥미를 느끼는 데 도움이 되었으면 한다.

2007년 3월

전영택

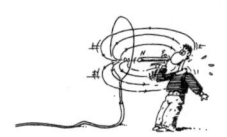

세상에서 가장 재미있는 물리학

1판 1쇄 펴냄 2007년 3월 30일
2판 1쇄 펴냄 2021년 3월 25일
2판 4쇄 펴냄 2025년 4월 25일

그림 래리 고닉
글 아트 후프만
옮긴이 전영택

편집 김현숙 | **디자인** 이현정
마케팅 백국현(제작), 문윤기 | **관리** 오유나

펴낸곳 궁리출판 | **펴낸이** 이갑수

등록 1999년 3월 29일 제300-2004-162호
주소 10881 경기도 파주시 회동길 325-12
전화 031-955-9818 | **팩스** 031-955-9848
홈페이지 www.kungree.com
전자우편 kungree@kungree.com
페이스북 /kungreepress | **트위터** @kungreepress
인스타그램 /kungree_press

ⓒ 궁리출판, 2007.

ISBN 978-89-5820-695-8 07420
ISBN 978-89-5820-690-3 (세트)

책값은 뒤표지에 있습니다.
파본은 구입하신 서점에서 바꾸어 드립니다.